云南红茶教科书

THE BOOK OF YUN NAN BLACK TEA

周重林　张 宇 —— 主编

方可 校

華中科技大學出版社
http://www.hustp.com
中国·武汉

编 委 会

世间种种颜色，有些来自染料，有些源于基因，
也有些来自时间或微生物作用。
源于染料的颜色，或美丽，或神秘，且总是恰如其分；
源于基因的颜色，通常需要假以时日；
源于时间或微生物作用的颜色，
往往需要独特环境的孕育和精准区间值的把控。

目　录

四 工艺：激烈化学变化后的不同产物

五　红茶的挑选与购买

六　红茶的时尚生活方式

七　云南红茶如何喝出健康？

序言：云南红茶复兴之路

经常有人来书店里问：有没有讲云南红茶的书？我摇头说没有。有一次遇到一位较真的人，她一脸鄙夷，不是号称茶书最多么？我无奈地说，进不到货，没有人写这样的书啊。她就问：那你们为什么不写？

“为什么不写呢？”小黑说。于是我们组队开拔，浩浩荡荡奔凤庆而去。2017 年，我们也是这般一路欢歌笑语走向易武，那一年的考察成果——我们出版了《茶叶复兴：易武与古六大茶山》。

有诗赞曰：

嘻哈游茶山，曼妙守树顶。
云雾火里尽，滋味金口出。

上一次，我们要复兴的是古六大茶山的茶传统与制茶法，呼吁并参与茶祖祭祀传统的恢复，茶脉不可断。我们协助组建了古六大茶山的青年守山联盟，多次举办茶业复兴论坛。

影响到底如何，我其实不太知道。直到有一天，我去南糯山茶树王小组考察老茶树王的信息，接待的小伙子一眼就认出我来，坦言是在《茶山黑话》节目见过我，并问小黑怎么没有来。他有些失落，以为这次能与当红主播一起出镜。

后来我到茶山很多地方，都会遇到看过《茶山黑话》的人，茶山的年轻人通过一档视频节目来重新认识茶，审视自己生活的土地。我也跟着小黑的节目，走进了千家万户。

填补空白似乎是我们这些年经常做的事情，云南茶知识远远落后于产业。就茶行业来说，茶是第一语言，水是第二语言，器是第三语言，书写、视频都只是第四语言。过去我们常谈的茶业复兴，主要是指产业的复兴。而眼下说的复兴，更侧重文化上的复兴。茶叶不只是一片仅仅用来解渴的叶子，茶还意味着健康与修养，意味着性别的平等，意味着精神的愉悦。

尽管红茶已经风靡全球，可是在中国，我们除了知道红茶产地以及制法外，对其口感一无所知，一个很重要的原因是，国人并不喝红茶。

早在 1940 年，在云南大学任教的袁同功便写下了《红茶制法研究》，他希望红茶继续有功于战需，能够持续创外汇，满足世界人民的需要。可当时介绍红茶知识的文章非常少，红茶的生产与制作都需要在更大范围推广与普及。

同样在云南制茶的李拂一，也并不能确定自己做的红茶达到什么样的水平，他只有寄样到汉口海关，获得一些客观评价。

范和钧、冯绍裘那一代的前辈，带来机械与生产知识，但没有在本地普及品饮红茶的习惯。红茶的诞生，似乎一直与外汇相关。中国人做出来的红茶，都是为了卖到国外。

不要以为这是很久远的事情，2020 年 6 月 20 日我在广州芳村好几家茶店都发现了勐海茶厂 20 世纪 80 年代出的红茶木箱。他们从勐海茶厂买来的红茶，也是从这里出口到海外。勐海茶厂之前是红茶的大宗供应商，2002 年前后才陆续没有生产红茶。

勐海茶厂创始人范和钧回忆说，1939 年春天，他偕同张石城，从昆明起程，取道滇缅公路，经芒市、腊成进入缅甸，搭汽车经景栋绕道西双版纳抵达佛海（今勐海）。“经过半年的考察，首次试制了红绿样茶。原来佛海地方乃一天然野生茶区，是大叶种茶的原生地，产量极丰，品质醇厚，制成红茶足与印度大吉岭、安徽祁红相媲美，如大量制销，必能风行国际市场。”在广州芳村一家大益普洱茶馆，我们很是怀旧地喝了一泡勐海茶厂出的红茶。

想当年，红茶才是主角。李拂一回忆：“南洋一带人士之饮料，大多数已渐易咖啡而为红茶，消费数量，虽未有精确之统计，然以其人口之众，及饮用范围之普遍而推测之，不在少数。遍南洋售品，大部为印度、锡兰所产，唯是价值高昂，在印缅方面，每磅平均售价在半盾以上，似非一般普通大众之购买力所能及。佛海茶叶底价低廉，若制为红茶，连包装运费在内，估计每磅当不超过四分之一盾之价格；亦即印、锡红茶售价之半。即仅就南洋一带而论，当又获得新销畅。若再能运销欧美，则前途之发展，尤为不可限量。此应以一部分改制红茶，广开销路，在印度尚未对佛海茶高筑关税壁垒以前，作未雨绸缪之准备，此其一。”

1938 年，冯绍裘一路从湖南安化、江西修水、安徽祁门，最后来到云南凤庆落脚，一路上勾勒了中国红茶的蓝图。云南的大叶种茶做出来的红茶，在口感上完全可以适应外国人的要求。叶厚、耐泡、香味的丰富性都与印度等地所产红茶别无二致，因此，滇红很快打开销路，当年首批成箱 500 市担滇红茶，经香港富华公司转销伦敦。滇红的历史档案显示，20 世纪 50 年代至 80 年代，凤庆茶厂年产三四千吨滇红茶，全部出口欧洲市场。当时滇红的平均出口价格是每吨 5000 美元（布雷顿森体系下的 35 美元等价于一盎司黄金），达到国际市场的中高档价格水平。20 世纪 80 年代，“滇红”占云南省茶叶出口量的 85%，这让当年 80 多岁的冯绍裘尤为激动：“滇红”为“中国社会主义建设挣得了大量外汇，立了功劳，我感到十分欣慰”。

1950 年，冯军在《云南茶业产销概况》里介绍，云南红茶主要销售到苏联以及东欧各国，品质名列全国第一，如果处理好红茶生产，可以给云南省带来很大的收入。吴觉农领导下的新中国茶叶公司在云南地区收红绿茶沱茶 3000 担，带动私商参与收购 3000 多担，在顺宁一带更是大量收购二水茶、底茶，创 1937 年来以来数量之最。另一方面，印度产的红茶不仅卖到了西藏大部分地区，还卖到了丽江、大理一带。

可以说，云南红茶第一波高光时刻，就是由冯绍裘、范和钧、李拂一等诸位先生带来的，在残垣断壁中，他们用实业为国家的尊严与荣誉尽自己的一分力。云南丰富的物种资源，好比门上的那把锁，而他们就是手握钥匙的人。而今，旧锁斑驳，新锁闪闪，谁是新一代的开创者？

一

云南红茶的发展趋势

THE BOOK
OF
YUN NAN
BLACK TEA

征服世界的味觉记忆

有人说，红茶是贵族的饮品。其中云南红茶更是上得大家厅堂，也入得了寻常百姓家。它既是英国皇家的最爱，也是国家指定的外事礼茶，更是千家万户茶几上常备的待客之物。

作为一个鲜活的文化符号，今天，不论是在英国的复古电视剧、电影里，还是在巴塞罗那的街边咖啡馆里，你都有机会看到云南红茶的身影。它之所以风靡全球，还得归结于天时地利。

17 世纪正处于西方大航海时代，红茶由此传到了欧洲，并在各国的贵族圈中流行起来。1662 年，西班牙公主凯瑟琳嫁入英国王室时更是带了非常珍贵的红茶和砂糖作为嫁妆，把饮用红茶的习惯带到了英国，后期还发展为要搭配小点心一起食用的英式下午茶，使其成为英国文化不可或缺的一部分。

历史上还因为红茶引发过两次战争：一次是英国太过依赖进口中国红茶，为了扭转和中国的贸易逆差而输出鸦片，继而引发鸦片战争；另一次，则是引发美国独立战争的波士顿倾茶事件。由此可见英国人有多爱红茶。

400 多年来，红茶一直都是世界茶叶贸易的主角，是世界范围内饮用人数最多的茶品。从东方到西方，红茶也是当之无愧的最具包容性和最受欢迎的茶品。

滇红产品出口主要销往国家和地区示意图

云南红茶与世界的第一次相遇是在1939年。二战期间，云南红茶经由马帮、汽车、轮船一路奔波，从澜沧江边抵达泰晤士河畔，由此开启了云南红茶的全球化时代。从1939年开始，云南红茶便成了世界红茶贸易的重要一环。

早年，由于云南红茶仅供出口，且价格高昂，内地喜欢红茶的人很少。我们常会听到那些红茶产区诉说红茶出口如何，销售如何，却鲜见有人由衷地说自己如何喜欢喝家乡的红茶。在云南红茶的原产地——凤庆当地人的记忆中，初次品尝红茶是20世纪80年代中后期。在滇红茶制作技艺代表性传承人张成仁印象里，他最早接触红茶是在1985年前后，早年张成仁只喝晒青茶而不喝红茶，一方面是因为从小长辈就吓唬小孩说“喝红茶会拉肚子”，说“只有外国人才喝红茶”；另一方面，相比红茶来说，晒青茶更容易得到，且制作更加简易。

国人之所以关注红茶，是因为红茶在国际贸易中巨大的需求。但国人一直是以生产、制作绿茶为主，晚清时期，绿茶生产量中，一度有九成以上销售到国外，其中俄罗斯占了很大比例。

在绿茶滞销的情况下，有俄罗斯人来大宗采购，让茶农无比鼓舞。然而，绿茶并不适合海运，数月的运输，加上海上潮气，很容易导致绿茶变质。绿茶销售受阻，只能在红茶上下功夫。祁门本是红茶的发源地，但受制于交通等诸多因素，也受制于小叶种茶的不耐泡和不够味等因素，很长时间里，这里的红茶的外销都很少。

不同于传统红茶产区悠久的红茶史，云南红茶的发展仅有 80 余年。云南红茶即便发展时间不长，但凭借其独一无二的特点，成为中国红茶界绝无仅有的一朵奇葩。云南红茶到底凭借什么能得到如此的夸赞？又有哪些独特之处令人咋舌称道呢？接下来，我们就开始一点一点揭开云南红茶神秘的面纱吧！

为抗战而生的“英雄茶”

中国是世界茶树的故乡，云南是茶树的原产地，茶叶生产历史悠久，在 20 世纪以前中国一直是世界上最大的茶叶出口国。进入 20 世纪以后，印度、斯里兰卡等国的红茶崛起，严重冲击了中国茶叶的对外贸易，改变了中国茶叶出口的地位，同时也使红茶在世界茶叶市场上进一步占据了主导地位。“七·七”事变后，随着日本全面侵华战争的不断深入，侵华日军很快占领了大半个中国，东南重点茶区沦陷，我国传统的出口产品——红茶断绝了货源。

《顺宁县志》记载：“1938 年，东南各省茶区接近战区，产制不易，中茶公司遵奉部命，积极开发西南茶区，以维持华茶在国际市场上的地位，于民国二十八年（1939 年）三月八日正式成立顺宁茶厂。”近代中国，战火不断，烽烟四起。红茶是当时中国最重要的出口商品，政府通过国际茶叶贸易，从中赚取外汇，以换购战争所需的军备。然而，随着抗日战争的全面爆发，日本逐渐占领了中国东部的大部分地区，传统红茶产区相继沦陷。政府为维持红茶的外销市场，计划在硝烟涉及较少的西南地区开辟新的红茶制作基地，以巩固中国茶的市场地位，维持战争军需的供给。这一举动也激发了我国茶界先辈们爱国救民的民族精神和意志，纷纷投身于实业救国求复兴的活动中。

1938 年的秋末冬初，中国茶叶公司委派经济委员郑鹤春和制茶技术员冯绍裘调研云南茶叶的产销情况。“不曾生产过红茶的云南，能否制出好的红茶呢？”冯绍裘在云南实地调查后，便打消了心中的疑惑。顺宁（今凤庆）茶树成林，且均为乔木型的单本植物，芽壮叶肥，白毫浓密，茶树生长周期长，茶叶内含大量的茶多酚，产量高，品质好，是十分理想的红茶制作原料；再加上云南气候温暖，四季如春，土壤肥沃，茶树生长旺盛，从 3 月到 11 月都可以采摘芽叶，量多质优，可与印度、斯里兰卡大叶种红茶相媲美。如此，改制红茶，定能大有作为。

冯绍裘首次用凤山大叶种茶制成红茶“云红”，返昆后寄样到香港，茶市认定为上品，有经营价值。因此，于 1938 年 12 月 16 日与云南省经济委员会合资创建了云南中国茶叶贸易股份有限公司，并决定在凤庆（当时叫顺宁）、勐海（当时叫佛海）等地建立茶厂，以现代机械设备大量生产红茶等产品，以供出口换取外汇或急需物资。

开启云南机制红茶的先河

顺宁实验茶厂（创建于 1939 年，于 1954 年更名为凤庆茶厂）建立以前，凤庆只有传统手工制茶，生产的只有晒青毛茶。“原来安石当地做的茶叫作老黑茶、土茶，冯绍裘来了以后，才有红茶的生产。”手工滇红茶传统技艺传承人李映华说，以前手工晒青毛茶的制作全靠手工，原来的晒青茶用大锅炒，晒干后就卖。李映华坦言，制茶后期的技术和设备全靠从顺宁实验茶厂引来。

1939 年，在非常困难的条件下，顺宁实验茶厂边建设边生产，厂长冯绍裘为赶在春茶季节生产出第一批滇红，在赶制竹木制茶用具时，自己设计试制了人力手推木质揉茶机、脚踏与动力两用揉茶机、克鲁伯式金属揉茶机、脚踏与动力两用烘茶机、百叶烘干机。商请昆明中央机器厂和五金厂制造运到保山拆装抬运到顺宁，并购置了动力和传动设备和直流发电机，在当年 4 月 29 日向当地茶农推广 30 台。由此取代了“手揉脚搓”的传统制茶方法，首开顺宁机械制茶和用电照明的先河。这也成为顺宁民间和茶厂使用揉茶机具的开端。

《凤庆茶厂志》有相关记载，1959 年，凤庆茶厂将原有的部分动力机廉价出售以支持重点初制所，又在主产茶区初制所购进一批动力和全金属结构制茶机械。象塘、凤山、安石、大摆田、中和、甲山先后实现动力制茶。20 世纪五六十年代，苏联专家到凤庆看滇红茶的制作就是在安石老茶厂的厂房里。

国家建设的功臣

作为云南红茶的主力军，当年凤庆县全面改制红茶时曾提出“一吨滇红

自制三桶联装揉茶机

十吨钢”的口号，为的是鼓励茶区人民多产红茶，支援出口，为社会主义建设多做贡献。

资料显示，当年提出“一吨滇红十吨钢”口号的依据，源自 1954 年 3 月 3 日吴国英厂长传达西南（重庆）茶叶会议精神时说：“我们五三年销到苏联 9000 担红茶，换回厚钢板 4500 吨，比例是一斤茶换十斤厚钢板，即一吨茶换十吨钢，合 4000 卢布，4800 万元人民币（旧币），180 担红茶可换回一部新式拖拉机或一部收割机。”

20 世纪 50 年代，滇红茶主要销往苏联，并深受当地欢迎。这引起了苏联专家的高度重视，曾三次来访，一次来信要茶，再度要求供货。其中，1956 年 5 月，苏联茶叶专家德日卫尼什和布洛尼可夫参观安石平田初制所和茶厂筛制车间后，评价“滇红”是中国最好的红茶。

1958 年，作为滇红茶的诞生地，云南凤庆茶厂将制造成功的超级工夫红茶送往北京，向党中央毛主席报喜。同年 10 月，中共中央办公厅秘书室来信祝贺致谢并鼓励：“希望你们继续努力，进一步提高产品质量，以满足人民日益增长的需要，并增加出口、争取多创外汇，支持国家的社会主义建设……”次年，凤庆茶厂生产的特级工夫红茶被国务院定为外事专用礼茶，定点定量生产。

英国女王的心头好

1986 年，云南红茶诞生 47 年之后，迎来了一位重量级的超级粉丝。

当时已经 60 岁的伊丽莎白二世，第一次访问中国，她也是英国历史上第一位来华访问的国家元首。在结束了对北京、上海、西安三个城市的访问后，女王来到了云南昆明。据中新网云南频道报道，当时的云南省省长和志强代表云南人民向女王赠送了礼物：一盒滇红茶、一套白族服装和一副“云子”围棋。从此，滇红茶进入英国皇室，也敲开了云南红茶走向世界的一扇大门。据说，女王特别喜欢这份礼物，回到英国白金汉宫之后不仅仔细品尝，还将滇红放在透明器皿里，作为观赏珍品，称这是“东方美人”。

时隔 30 多年，人们依然好奇：这杯特级工夫红茶有着怎样的魅力，竟能够被选中成为赠送女王的礼物？据介绍，当年赠送伊丽莎白二世女王的这盒茶，是滇红创始人冯绍裘先生 1938 年来到云南后研制出来的一款极品红茶，按传统工艺标准制作而成，以外形条索紧结、肥硕雄壮、色泽乌润显金毫、汤色红艳明亮、香气馥郁高扬著称。1958 年，“滇红人”传承创新研发出滇红特级工夫红茶，在英国伦敦拍卖出最高价，次年，它被国务院确定为“外事礼茶”，这算是当时国内红茶的最高级别了，所以即便是赠送女王也是拿得出手的。

省长和志强向英国女王赠送云子和滇红

此外，众所周知，英国是全世界最爱喝红茶的国家，每年消耗的茶量约占各种饮料总消费量的一半，80% 的英国人每天都在喝茶。英国女王伊丽莎白二世更是下午茶的忠实粉丝，她每天都雷打不动地喝两次红茶，一次是早上起床后，一次是午饭后。可以说，这是针对个人喜好选择礼品的一个好例子。

2015 年 3 月 4 日，英国剑桥公爵威廉王子到访云南。当日，威廉王子结束关于野生动物保护的演讲后，云南省人大常委会副主任刀林荫代表云南省向威廉王子赠送陶艺包装的滇红工夫红茶“中国红”。滇红茶再次成为中英交流的见证。

云南红茶是如何在世界范围内流行起来的？

云南红茶的外销与内销

2020 年初，笔者在西班牙巴塞罗那的一家街边咖啡馆等朋友，本想点一杯便宜的黑咖啡消磨时间，但却在“茶”的那一栏意外发现了云南滇红茶，售价是 2.8 欧一壶，根据当时的汇率，是人民币 22 元左右。这家店的意式浓缩咖啡价格是 1.5 欧，美式咖啡的价格是 2.5 欧。相比咖啡，云南红茶的价格略贵，几日没喝热茶，已不是计较价格的时候了，笔者连忙点了一壶云南滇红茶。

服务员端上茶来，一个蓝绿色的小茶壶配了一个深蓝色的小瓷杯，精致可爱。揭开盖子，看到茶壶里泡的是完整的叶片，应该是滇红工夫茶。茶泡了两分钟之后，倒入小茶杯里品尝，虽然滋味不如在云南喝到的香

在巴塞罗那的咖啡馆喝到云南滇红茶

高味浓，但依然有大叶种红茶特有的香气和韵味，笔者已经十分满足。对于一个喝茶人而言，在陌生的地方遇到熟悉的茶，内心总会有一种妙不可言的欣喜。茶叶和人的流动，是滋味的流动，也是文化和记忆的流动。从 17 世纪的西方大航海时代开始，中国红茶就踏上了它的环球之旅。

荷兰人把茶叶带到欧洲，英国人把喝茶的传统发扬光大，一杯杯红茶，随着日不落帝国的征途，红动四方。如今日不落帝国的辉煌已经远去，一杯杯红茶却依然香飘四方。

滇红茶汤

400 多年来，红茶一直都是世界茶叶贸易的主角，是世界范围内饮用人数最多的茶品。从东方到西方，红茶当之无愧是最具包容性和最受欢迎的茶品。云南红茶与世界的第一次相遇是在 1939 年。第二次世界大战期间，云南红茶经由马帮、汽车、轮船一路奔波，从澜沧江边抵达泰晤士河畔，由此开启了云南红茶的全球化时代。从 1939 年开始，云南红茶便成为世界红茶贸易的重要一环。时至今日，云南红茶依然在世界的各个角落被冲泡、被品饮、被赞美。

云南红茶是如何在世界范围内流动的？如今的云南红茶又面临着怎样的机会和挑战呢？现在，让我们先回到历史中去寻找答案。

战乱时代，为出口换汇而生

云南红茶的华丽登场，就是为了出口换汇。受战争的影响，安徽、福建等中国红茶的传统产区无法正常生产，国家需要寻找新的产区来弥补红茶出口的空缺，带来充足的外汇。滇红工夫茶于 1938 年在顺宁试制成功，1939 年顺宁实验茶厂开始批量生产，供出口换汇。

顺宁（今凤庆）地处云南西南部，境内山地多、平地少，多民族聚居，基础设施相对薄弱 。2019 年，从云南昆明到凤庆，驱车要 10 余个小时。乘飞机也要先飞抵临沧机场，再从机场转乘 3 个小时的汽车才能抵达。在 80 多年前，那个交通不便的抗战年代，一杯产自云南的工夫红茶，要抵达伦敦，路程遥远。

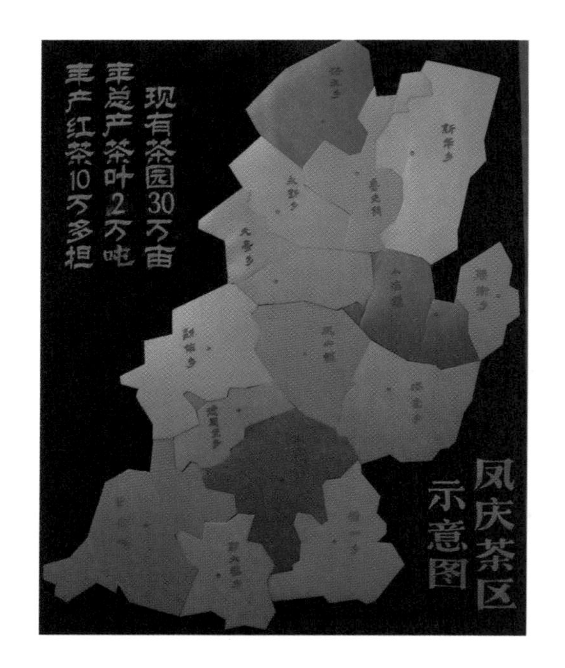

凤庆茶区示意图

1939 年至 1940 年，顺宁生产的工夫红茶要先用骡马运输，送到下关后，再由汽车转运昆明，再转调广州口岸，由财政部贸易委员会设在香港的富华公司销售到伦敦国际茶市。后来，由财政部贸易委员会设在缅甸仰光的振华公司和启南公司两个办事机构，将顺宁红茶产品经云南省茶叶公司指定的运输线路，或由顺宁经昆明装火车至海防，或由顺宁以骡马运输，取道西南通道，或绕道保山，转腊戍装火车至仰光，销往印度、缅甸、泰国，或通过仰光转口香港，销往伦敦茶叶市场。

当年的茶叶出口就如同接力赛一般, 需要各个环节的配合才能抵达终点。第一批“新滇红”出口的时候，还没有木箱铝罐，是用沱茶篓装运到香

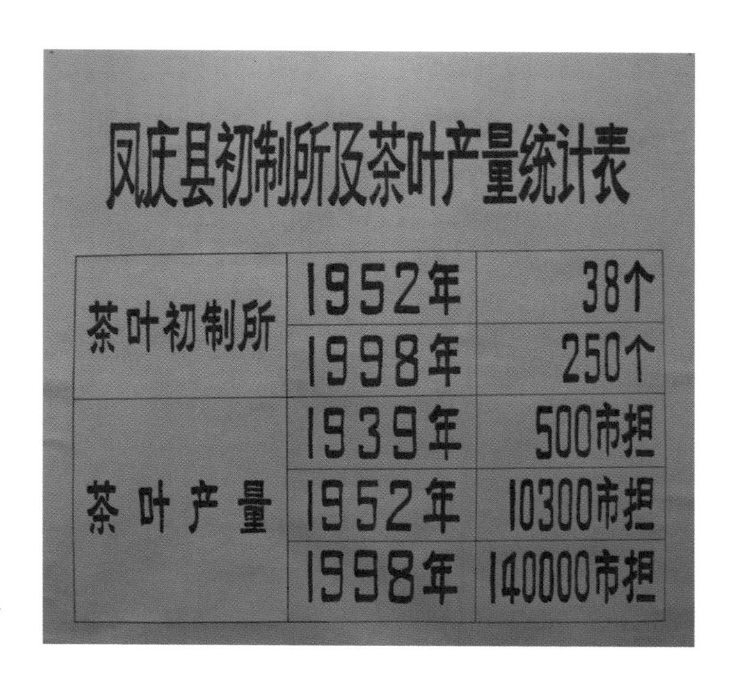

凤庆县初制所及茶叶产量统计表

茶叶初制所	1952年	38个
	1998年	250个
茶叶产量	1939年	500市担
	1952年	10300市担
	1998年	140000市担

凤庆县初制所及茶叶产量统计表

港，然后再改装木箱铝罐出口。1939 年，顺宁实验茶厂边建厂边生产，批量试制成功工夫红茶 500 市担，交由香港富华公司转销伦敦。云南红茶的品质在伦敦市场广受好评，卖价也高。这杯香高味浓的云南红茶里，流动着一个国家的苦难与伤痛，也承载着一个民族的光荣与梦想。

在云南的南边，作为云南茶叶重镇的佛海（今勐海）也几乎与顺宁实验茶厂同时开始试制红茶。据汪云刚、刘本英的《滇红》一书记载，佛海于 1940 年加工出了第一批机制红茶，至 1941 年底生产出工夫红茶 200 吨左右。关于这个时期佛海茶厂的红茶加工和出口，《云南省茶叶进出口公司志（1938—1990 年）》中也有记载。1942 年，因为日军侵占缅甸，滇缅公路中断，顺宁和佛海的红茶无法运出，只能内销。1942—1950年，时局动荡，包括红茶在内的几乎所有云南茶都运销阻滞，发展也较为缓慢。战争结束，和平到来，云南红茶也迎来了全新的发展机遇。

计划经济时期的内销与外销

1950年，云南红茶开始恢复出口，从20世纪50年代到90年代，为了配合国家经济的发展，中国茶叶出口在各个阶段有不同的侧重：50年代，主要出口苏联和东欧；60年代，减少对东欧国家和苏联的出口，增加对欧美（资本主义国家）以及亚非国家（第三世界国家）的出口；70年代发展和扩大对欧美、亚非国家的出口；80年代改革开放以后，出口比较多元化。1950年至1990年，云南红茶远销苏联、波兰、英国、美国、加拿大、巴基斯坦、日本、法国、新加坡、伊朗和中国香港等20余个国家和地区。

1949年以后，国家对茶叶实行“中央掌握，地方保管，统筹分配，合理使用”的原则。中国茶叶总公司确定茶叶销售“扩大苏销、新销，掌握边销，调剂内销”的方针，20世纪50年代，云南红茶主要调供湖北茶叶公司，销往苏联和东欧各国，少数销往第三世界国家。

1956年对于云南红茶是一个重要的年份，从这一年起，云南红茶的产区从原来的凤庆、勐海2县扩大到了昌宁、云县、双江和临沧4县。当

凤庆茶厂是全国红茶出口量最大的茶厂之一，自从实行质量奖后，出口的茶叶质量不断提高，深受国际市场欢迎。这个厂今年又受到省革委的表扬。图为大批质量合格的红碎茶在装车外运。

图片新闻

（杨云航摄）

1979 年《云南日报》刊登的关于凤庆茶厂红茶出口相关新闻

时从中国茶叶公司云南省公司和凤庆茶厂抽调了 100 余位技术人员，同时还聘请了安徽和江西的 50 多名技工到这 4 个地方进行技术指导。这一年，云南有 800 多名茶农学会初制红茶技术，红茶的产量也比 1955 年增加了一倍。当年的这些红茶产区，如今也是云南红茶重镇。

20 世纪 60 年代，中苏关系破裂，云南红茶对苏联的出口有所减少。这个时期云南红茶主要调供上海、广州口岸，以号码茶拼配出口，供应西欧和北美市场。1974 年以后，云南省茶叶进出口公司开始自营出口普洱茶和工夫红茶，云南红茶全部调供云南省茶叶进出口公司拼配号码茶出口。1975 年，云南调供出口的红茶首次突破 10 万担（一担为 50 公斤）。

1955 年的滇红茶加工标准样

到了 20 世纪 70 年代后期，随着中苏关系的改善，云南红茶又恢复了对苏联、波兰、捷克和民主德国的出口，一直到 90 年代，出口量都是逐年上升。云南出口苏联的茶叶，从昆明东站装火车出发，经内蒙古二连浩特口岸出口苏联。《云南省茶叶进出口公司志（1938—1990 年）》中记录，1990 年出口苏联的工夫红茶为 895 吨，红碎茶为 3031 吨，小包装茶 250 吨。

工夫红茶在国际市场上其实是一个非主流产品，红碎茶才是国际市场上的主流产品。从品饮层面来讲，工夫茶的冲泡方法在世界范围内并不普遍，主要是在中国以及华人文化圈流行；从商品流通的角度来看，印度、斯里兰卡、肯尼亚等世界主要红茶出口国供应的主要是红碎茶。红碎茶分级严格，定价统一。印度在 19 世纪末就开始用揉切机进行红茶生产，产品分级出口，效率高，价格低。

新中国成立后，云南省红碎茶的制作出口起步较晚，《云南省茶叶进出口公司志（1938—1990 年）》中记载，云南红碎茶“1958 年在勐海茶厂试制，1959 年少量调拨出口，1964 年小范围内推广生产，‘文革’期间停顿，70 年代恢复生产”；而《凤庆县茶叶志》中的记载是:“1957 年首批自然碎茶调供广州口岸，远销埃及。1958 年，制成初制分级茶，分别调供上海和广州两个口岸，销售伦敦。”1986—1990 年，云南红碎茶的出口量在 1000 吨～ 3000 吨之间，占到全国红碎茶出口量的 4% 左右，主要销往西欧和北美。

红碎茶的出口，云南有先天优势，但也有难以克服的后天劣势。

优势方面，云南大叶种茶制作的红碎茶与中国其他产区的中小叶种红碎茶拼配后出口，可以提高整体售价。中小叶种茶的外形好看，大叶种的红茶香高味浓。利用各自的特性进行拼配之后优势就显示出来了，品质优势在流通市场中变成了价格优势。20 世纪 80 年代，有云南大叶种拼配的红碎茶比单是中小叶种的红碎茶每吨可以提高售价 100 ～ 200 美元。1979 年，凤庆茶厂的两批红碎茶被评为全国质量第一名，美国立顿公司以每吨 2650 美元买走。1980 年凤庆茶厂出口的红碎茶一度可以卖到 3270 美元一吨。

后天劣势方面，云南红碎茶起步晚，且全省产茶区的工业化水平比较低，茶叶亩产量低，加工成本高。我国的红碎茶出口在 1984 年达到了 7.2 万吨，创历史新高。但是到了 90 年代，随着世界红碎茶主产区的增多和产量增大，云南红碎茶的质量和价格难以与国外红碎茶主厂区竞争，出口售价较低，亏损比较明显。在商品交易的过程中，品质和成本之间的博弈一直都在进行。

内销方面，1985 年以前，无论是工夫红茶还是红碎茶，除副茶内销外（副茶指的是碎茶、片茶、末茶），正茶产品全部调供出口。1985 年以后，国内市场才逐步放开，各地茶厂的红茶得以销往全国各地市场。

1956 年以来，除了凤庆茶厂，全省许多茶厂都进行过红茶的规模化生产：勐海茶厂生产过工夫红茶、CTC（crush，tear，curl）袋泡茶等，大渡岗茶叶公司主要生产 CTC 红碎茶，普洱龙生集团生产过工夫红茶，腾冲茶厂生产过工夫红茶，昌宁红茶业集团生产过红碎茶和工夫红茶等等，在此不一一列举。最近 20 年，云南很多茶厂都进行过红茶的生产，产销情况也逐步多元化。但无论是从产量还是从消费量来看，长期以来，国内消费的主流一直是绿茶，红茶的市场还比较小，亟待开发。

云南红茶的机遇与挑战

有观点认为，近 20 年来，随着普洱茶的崛起，云南对红茶不够重视，从而使云南红茶的产销低迷。也有人认为，云南红茶的现状，只是中国茶产业从国家统购统销到放开市场后的一个缩影。

1996 年改制以来，云南最老牌的红茶企业——凤庆茶厂的起起落落也牵动着业界的心。对内，企业改制经营和管理困难重重；对外，全球茶叶消费市场正在发生着巨大改变，挑战重重。这家老牌企业的处境，也是云南红茶现状的一个缩影。

我国出口的茶叶品类主要包括绿茶、红茶、乌龙茶、普洱茶和花茶，分品类来看，绿茶仍是茶叶主要出口品类，2019 年中国绿茶出口达 30.39 万吨，比 2018 年增长 0.3%，占茶叶出口总量的 82.8%；红茶出口量为 3.52 万吨，同比增长 6%，占比 9.6%。从这个数据看，红茶出口占比虽然少，但也是稳中有升。

在原料出口方面，2017 年的数据显示，保山的昌宁红茶业集团目前是云南最大的茶叶出口企业，拥有全球最大的 CTC 红碎茶生产基地和 4.1 万亩国际雨林联盟认证茶园。该厂所生产的优质红茶原料已出口到法国、英国、新西兰等 17 个国家和地区。云南红茶的出口具备品种优势、生态优势和资源优势，但如果要用红碎茶这一品类与印度、斯里兰卡等国竞争，则优势较弱。在红碎茶之外，云南工夫红茶如何再次“走出去”，则是一个值得探讨的问题。

内销方面，格局相对稳定。中国茶叶流通协会发布的《2018 年中国茶叶产销形势分析报告》显示，绿茶仍是主导，占比超过 63%，黑、红、白茶发展迅速，其中，红茶占比近 10%，并有占据更大市场份额的趋势。外销市场的红碎茶竞争激烈，抓住国内市场的潮流，或许是云南红茶发展的一个好机会。印度就是一个很好的榜样，印度每年的红茶产量在 100 万吨左右，而 80% 都是国内消费的，只有 20% 出口。

中国茶叶流通协会的数据显示，2019 年我国的红茶进口量是 3.64 万吨，占进口总量的 83.9%，进口总额为 1.26 亿美元，进口均价为 3.46 美元 / 千克，相比进口价格，中国红茶的出口均价是 9.91 美元。中国的红茶进口，以斯里兰卡红茶的量最大。这个数据也印证了在国内新茶饮崛起的过程中，红茶的品饮需求在不断扩大。在六大茶类之中，红茶无论是调饮还是清饮，都有其独特滋味，红茶在国内市场的营销，还有许多空间可以挖掘。

多年前，有一位不喝茶的朋友问笔者，云南也有红茶？红茶不是英国的吗？笔者听了之后有些哭笑不得，连忙向他普及一些基本的红茶知识。云南红茶作为大叶种红茶的代表，80 年来，它创造过辉煌与奇迹，也经历了蛰伏与迷茫。云南红茶，应该让更多的人了解到、喝到，它是一种商品，一种饮品；也是一段记忆，一种生活。

开放才是未来

始现于400年前明末清初的红茶，由闽赣交界的桐木村村民于偶然中创制。这样充满意外的茶，一开始并不受到当地人和茶农喜欢。后来，植物猎人罗伯特福琼发现，当时的中国在绿茶制作过程中会添加染色剂，当这个消息传到英国后，英国人转而拥抱了红茶。红茶至此开始了一段比绿茶更为传奇的旅程：诞生虽晚，如今却遍布全球，成为被世界饮用得最多的一种茶类。

今天，大家谈起红茶，总是会与精致的英式下午茶、优雅生活相联系，中国云南与红茶仿佛成为彼此绝缘的两个事物。虽然后来滇红有过短暂的辉煌，但如今的一些红茶书籍，除了谈及茶树起源地，甚至很难在书中找到云南产区的名字。外销方面，云南红茶出口量持续低位；内销方面，只能以基本的农产品形式销售。

茶马古道线路途经凤庆县

这里，我们并不想谈论红茶的归属问题，关于这个问题的答案，经济学家科斯早已给出了答案：谁用得最好就归谁。

英国自身虽不产茶，却凭其高效的贸易组织能力，将英式红茶销往全球，成为红茶代名词；同样不产茶的新加坡，年轻品牌 TWG 使其门店成为茶叶爱好者的必打卡之地；邻国日本正在将日本红茶作为本国名片之一向世界分发，并且已经取得不俗成绩。不同国家以自身优势发展各色红茶，这其中，必然有值得借鉴之处。

新加坡 TWG：混合的魅力

任何人走进 TWG 门店，大概都会以为这是一家拥有百年历史的英国茶叶品牌。事实上，TWG 创立于 2008 年，是新加坡本土企业，目前已在 29 个国家开设门店。TWG 最大的特点是拥有近 800 种不同类型的茶叶，其中绝大多数是用不同香料调配出的风味红茶，甚至以高级红茶作为基底进行调配，即使现在，依然有人认为这是一种暴殄天物的行为。

创始人 Taha 对此解释说："通常最高级单品茶只有独品才能体现微妙的口感。我更视其为一种宣言：对于不了解茶文化的人来说，可以在初次购买混合茶时就品尝到稀有茶叶，从此入迷。"Taha 的话道出了茶行业一直以来颇为头疼的一个问题：如何让不饮茶或不习惯饮茶的人爱上饮茶？

人的嗅觉比味觉更为发达，比起微妙的滋味差别，不同的花果芬芳让人印象深刻。风味红茶的调配如同香水一样，香气本身成为最大的优势：佛手柑香、草莓香草混合香、巧克力香、朗姆葡萄香，光是听名字就令人垂涎。如果在与茶亲密接触的第一次就能遇见让自己着迷的风味，那么进入茶的世界就变成顺水推舟的事了。

另一方面，风味茶也契合了越来越个性化的世界。与之形成对比的是，在几个饮茶国家，传统红茶正在失宠。根据欧睿 (Euromonitor) 的数据，在截至 2019 年的 5 年里，英国、美国和俄罗斯的红茶零售量至少减少了 10%，较年轻的消费者转向日益壮大的咖啡市场或者水果茶和花草茶。

日本红茶：劣势转为优势

制茶讲究适制性，酚氨比值高的茶叶更为适合制作红茶。酚氨比高，代表茶叶中多酚类化合物占比更高。红茶制作中关键的氧化环节使茶叶产生各类丰富甜蜜的香气物质，并将浓强的多酚类物质转化为具有醇和滋味的茶黄素、茶红素。在传统茶叶审评中，酚氨比高的茶叶，制成的红茶品质更好。因此，大叶种茶向来是制作红茶的优选。

日本红茶的主要栽种品种是名为“薮北”的小叶种茶树，一般情况下，小叶种茶制红茶并不具备先天优势，但其滋味清淡反而成为其最大的一个特点。在由日本枻出版社编辑部出版的《红茶》一书中，作者这样介绍：“比起其他国家的红茶，日本红茶的特色在于香气甘甜，涩味较少，富有甜度。”

个性鲜明的花草茶

比起加奶茶，日本人更偏好清饮，于是小叶种红茶的优势凸显：香甜度高、滋味柔和，符合日本人清淡的口味，同时这样的红茶也非常适合搭配日本料理和和果子。围绕这样的优势，日本茶界展开了各式各样的推广活动：将红茶制成瓶装饮料，开红茶咖啡厅等，近年来在日本本土掀起了一股热潮。

云南红茶：开放才是未来

上述两个例子都是目前世界上红茶发展极为瞩目的两个趋势，虽然二者方向不同，却都与讲究味道浓强的传统红茶走的是不同的道路，甚至还带着不少反叛色彩：高级的单品红茶用于调配、小叶种茶用于制作清淡甘甜的红茶。这在多数传统茶人看来难免不合规矩，甚至对此采取轻视态度。

而回到我们自身，云南红茶何去何从？笔者没有使用“滇红”一词，是因为“滇红”有一个众人所接受的明确内涵：使用云南大叶种茶为原料，通过萎凋、揉捻、烘干制作而成的红茶。但是，超出这个范畴，不是“滇红”，却可以统称为“云南红茶”：无论滇红、晒红、古树红茶，抑或是云南红茶制作的茶包、茶粉，甚至奶茶，都可以是“云南红茶”，只要这些形式能从不同角度促进云南红茶产业发展，何乐而不为？

或许，是时候放下原产地的骄傲，迎接更加多样化的云南红茶，活用云南红茶。

活用，是一个看似简单使用起来却非常困难的概念。用吸管喝的红茶是不是传统红茶？干燥时采用晒干而不是烘干的红茶是不是正宗云南红茶？中国人对于“正宗与否”的过分关注，使我们在活用时会遇到更多的质疑。

这一点，日本三得利的乌龙茶饮料是“活用”的绝佳例子。

1981 年，三得利推出乌龙茶瓶装饮料，原料来自中国福建省。自诞生起，这款茶饮料就一直受到日本人欢迎，近 30 年来在市场上长盛不衰。

从一开始，三得利就采用“日本三得利乌龙茶是历史悠久的正宗中国茶”的观念，为后来三得利乌龙茶的“中国符号”的品牌路线奠定了基础。于是，在广告中，我们可以看到戴着耳机跳舞的动漫唐僧形象，不同城市中中国人恬静美好的面容，甚至许多不饮乌龙茶的区域都在其中。

现在在日本人眼中，乌龙茶几乎就是中国茶的代名词。这样的误解，便是从三得利的广告开始的。但我们都知道，多数中国人甚至都没喝过瓶装乌龙茶，乌龙茶又何以代表中国茶？但这就一定是“错”吗？三得利深入人心的茶饮广告正是其茶饮料风靡近 30 年不败的原因。

正宗一说或许并不存在，不正宗的沙县小吃占领了全国，不正宗的新疆大盘鸡成为所有人心中的新疆菜，不正宗的新加坡红茶遍布世界，不正宗的日本红茶焕发新的活力。如果非要深究，学习祁红的滇红都是一种不正宗的茶。抱持着过去的辉煌不放，将无法以轻松的心态面向未来。

活用本身就是带着对正宗的批判而不断引入新血液以创造新的事物，挑战旧的权威，建立新的秩序。云南红茶，虽然还在不断调整着脚步寻找方向，但可以坚信的是，开放才是未来。

滇红茶新老品种的快慢之争

滇红茶发展 80 多年，按树种和工艺不同区分的茶叶品种虽然繁多，但都归属于两类，新品种和老品种。在历史演变中，滇红茶新老品种的交锋从未停歇。从种植、品饮区别到价格翻转，我们都能从中窥见茶叶市场发展演变的脉络。

老品种之慢

1950 年，滇红茶厂被统一收归国有，当地茶科所开始推广种植茶树，这些茶树我们称为老品种，也叫群体种。当时的栽培技术并不先进，也还没有培育出其他品种，因此推广的老品种以本地的凤庆大叶种、勐库大叶种和混生野树茶为主。种植方法为茶果直播，也叫有性繁殖。有性繁殖的茶树密度较低，茶园与森林混生。因为有性繁殖，每一棵茶树的

凤庆茶园

性状都不尽相同，而且老品种茶树抗旱性、抗虫性强，滋味更饱满。茶树根系发达，对土壤深层微量元素的吸收能力较强。制作工艺重揉捻，导致老品种滇红茶喝起来有微微酸味，滋味比较浓郁。此外，老品种采摘困难，茶芽之间大小颜色不一，相对来说产量也偏低。

新品种之快

新品种的推广大致始于 2000 年，随着科学技术的发展和民营资本的加入，茶科所开始大量研发新品种，以大幅度提高滇红茶的产量和成品质量。其中有我们熟悉的云抗 10 号、清水 3 号、凤庆 7 号和凤庆 9 号。这批新品种采用无性繁殖的扦插种植方式，有针对性地强化茶种优势、弱化茶种劣势，较好地保证了红茶成品产量和质量。新品种茶，外观统一均匀，制成的红茶芽头更大、更显毫，喝起来更香甜、苦涩味更低。

新老品种快慢之争

截至目前，凤庆的老品种茶园占凤庆总茶园面积的三分之二，新品种则占据余下三分之一，二者一直处于对抗状态。

老品种（左）与新品种（右）茶芽鲜叶对比

滇红茶茶汤

2010 年左右，新品种如凤庆 7 号、凤庆 9 号等新品种红茶在市面上更受欢迎，原料价格高出老品种红茶整整一倍。因为新品种制成的红茶芽头肥大、显毫，外形更加好看，品尝起来甜度更高而苦涩感弱，比起老品种更符合彼时消费者的审美与口味。

到了 2020 年，新品种的原料价格基本下降了 50% ～ 70%，老品种的滇红茶原料价格则上涨了 50% ～ 100%！也就是说如今新老品种滇红茶的价格基本持平。而其中一些荒野或减少修剪后长高的老品种价格甚至比新品种更贵。可以说，10 年前消费者对红茶的审美和 10 年后的今天截然不同，甚至是 180 度的大反转。滇红茶的新老品种原料价格的变化，也代表了品饮市场的需求与审美变化。

有一个社会学的概念可以解释这种现象，就是马克斯·韦伯在《经济与社会》中提出的“工具理性”。所谓工具理性，就是通过理性思维和科学技术手段追求事物的最大功效，实现人们的某种功利目标。就像工厂中的生产流水线一般，我们不断提高其生产效率，重点关注具体指标和可评估的参数，以最快的速度和最小的成本达到目的，而不去考虑这样的行为是否有情感温度，所以工具理性也叫作效率理性。

以滇红茶来说，新品种的研发和种植便是工具理性的产物，讲求效率，一年可采多次，并很好地满足了当时人们所追求的标准、量产、美观。

但 10 年后工具理性趋势的翻转，则符合了韦伯提出的另一个概念“价值理性”，它指的是有意识地对一个特定行为——伦理的、美学的、宗教的或做任何其他阐释的——无条件的固有价值的纯粹信仰。简单而言，就是强调行为背后真正的价值和含义，强调精神领域的东西。这 10 年经济飞速发展，人们的基本需求被满足后，关注点便开始转向精神层面的、历史和人文的东西。

有性繁殖的群体种，虽然有诸多劣势，但其生长时间更久。一杯茶中沉淀着其生长近 70 年的历史，这是新品种无法替代的。老品种有更加丰富的滋味，不像新品种红茶那样香甜、清晰、直接，感官刺激也不那么强烈。老品种的酸味，需要细细品味才能感受其美妙。

工具理性与价值理性之间并不绝对对立，也不一定有好坏之分。现代社会，工具理性明显处于上风：推崇工具理性促使了经济的飞速发展；但另一方面，对工具理性的过度追求使手段成为目的，过度追求茶叶产量使得中国人的这杯茶里越来越缺少精神性。

滇红茶新老品种之争，既是审美的流转，也是人们在时代浪潮中前行方向的不断调整。韦伯曾说工具理性和价值理性应该是共存且互为前提的。一杯真正好的滇红，需要兼具二者。

新式茶饮中的云南红茶

茶饮属不属于茶？奶茶就等同于新式茶饮吗？这两个问题从新式茶饮兴起时就开始讨论了，众说纷纭，但不可否认的是，新式茶饮的兴起的确促进了一些茶类的消耗。就奶茶而言，一杯 500 ml 的奶茶，需要的红茶量是 8 ～ 10 g，以一家店一天售出 100 杯来算，光奶茶所用红茶，一天的消耗量就是 800 ～ 1000 g，这只是奶茶一个系列。而除奶茶外，很多茶饮的基底茶采用的也是红茶，所以，按这个比例推测，一家奶茶店一天的红茶消耗量大概在 2 kg 左右，2 kg 是什么概念呢？ 2018 年的数据显示，我国 2018 年的人均年饮茶量为 1.36 kg/ 人，也就是说单一个茶饮店一天的红茶消耗量已经远远高于一个人一年的所有茶叶消耗量。由此可见，茶饮市场兴起的同时也带动了茶叶的消耗。

有意思的是，2018 年，笔者与一个早年专营红茶批发的老板聊天，询问经营情况时，他却说：“我早就不做原叶红茶了，现在转做茶饮原料

作为茶饮基底的云南红茶

供应了。”这里提到的原叶红茶是指一些高品质的红茶，一般用于盒装供给品牌公司，而茶饮红茶则是选用一些相对粗老的原料制成的。就这个情况来看，足以看出茶饮市场里红茶的消耗量之大。

在新式茶饮里，无论是奶茶还是常见的柠檬红茶，都是以红茶作为基底茶制成的，红茶的高协调性也给新式茶饮带来了不一样的口感。

茶饮里常见的红茶

在新式茶饮里面最常见的红茶便是锡兰（斯里兰卡）红茶、阿萨姆红茶、滇红碎茶、英德红碎茶。这几类红茶之所以常见于茶饮里，一是相比于其他产区的红茶来说，它们的口味更加适中；二是受产量和知名度影响，这些红茶在价格方面也更具备优势。这四类茶品都是大叶种红茶，且都生长在热带地区，茶叶的特征具有一定的相似度，具体表现为茶味浓郁，香气高扬，有特点，但又极具协调性，因此这样的茶品在调饮中更具优势。

锡兰红茶和阿萨姆红茶是传统港式茶饮里面最常用的基底茶，其传入内地时，很多人接受不了锡兰红茶和阿萨姆红茶过重的茶味，为了让更多人能接受，同时又保留其港式茶饮的茶味特征，很多茶饮研发者将锡兰红茶或者阿萨姆红茶和滇红碎茶或者英德红碎茶进行拼配，形成独特的茶品，这就保留了茶味的浓郁，同时香气也更上了一个台阶。

而在英德红碎茶和滇红碎茶的选择上，很多又会偏向于滇红碎茶，原因不外乎两个：产量更大，价格更低。熟知英德红茶和滇红的人都知道，两者之间有密不可分的联系，英德的现代茶业发展始于 1955 年，经过几年的发展，到了 1959 年，英德人用云南大叶种茶成功试制出“英德红茶”，因此英德红茶的树种也是属于云南大叶种。当然，后面在此基础之上又研发出了许多新品种，但在滋味和风格上，英德红茶一直有滇红茶的影子。

奶茶中的云南红茶

关于奶茶的历史有两种说法：一是我国西藏地区素有将奶放入茶中煮饮

的习惯，后来这种方式传入了印度，英国人在印度学到了这种品饮方式后，又将其带到了英国，之后便流传开来。还有一种说法是，17 世纪初荷兰使节造访中国广州时，中国官吏曾用加了奶的红茶招待他们，荷兰使节喝后觉得很好喝，回到荷兰后便继续使用这种方法饮茶，随后又将其传到了英国，逐渐在英国形成了一种潮流。在荷兰殖民统治台湾期间，将奶茶带到了台湾。1841 年，英国占领香港，也将奶茶和下午茶文化带到香港，从而演变成了现在的台式奶茶和港式奶茶两个分支。

港式奶茶曾经风靡一时，是香港独有的饮品，也叫英式奶茶、香港老街奶茶等，具有茶味重而偏苦涩、口感爽滑且香醇浓厚的特点。英式奶茶刚传入香港之时，由于口味清淡，香港人并不喜欢，他们在英式奶茶的基础上进行调整，研制出了港式奶茶，港式奶茶茶味更加浓郁，奶味也浓郁，入口幼滑如丝，既有奶的厚度又茶味十足。

而在红茶基底茶的选择中，港式奶茶多选择锡兰红茶或者阿萨姆红茶，这样可以保证茶味足够浓郁，而不被奶味掩盖。在传入内地之后，因为内地的饮茶口感比香港要清淡一些，为了迎合内地的口感需求，在基底茶的选择上则会选择蜜香型的滇红碎茶与锡兰红茶进行拼配，这样的奶茶茶味不会太浓烈，更符合内地的口味需求。

台式奶茶则起源于荷兰奶茶。荷兰人在台湾殖民统治时期，将奶茶带入。由于荷兰乳畜业较为发达，所以与英式奶茶相比，荷兰奶茶中奶的比例大大高于英式奶茶，更显浓香醇厚，而台式奶茶也保留了荷兰奶茶的这一风格。后来，台湾人在荷式奶茶中加入“珍珠”—— 一种由地瓜粉、木薯粉等原料制成的粉团，煮熟后外观乌黑晶透，以“珍珠”命名，这就是现在大众熟知的珍珠奶茶。

台式奶茶在基底茶的选择上倾向于台湾的红玉红茶或者是一些蜜香型的滇红茶，这类红茶的特点是茶味较淡但香气比较显著，而制成的奶茶整体风格苦涩味较淡，香气比较浓郁。

柠檬红茶中的云南红茶

柠檬红茶是大家最为熟悉的茶饮之一，柠檬红茶的由来也与英式下午茶有着千丝万缕的联系。英国人在喝下午茶时喜欢在茶汤里面加柠檬、牛奶、蜂蜜等，从而形成了具有独特风味的柠檬红茶。柠檬红茶又以港式柠檬红茶更广为人知，柠檬红茶是香港文化的一个缩影，无论在街上还是在茶餐厅里，过半的香港市民手中都拿着一杯柠檬红茶。香港，用它最独特方式诠释着它与柠檬红茶的故事。在香港，柠檬红茶和菠萝油包是去港式餐厅必点的东西，柠檬红茶的地位和港式奶茶的地位可以说是不相上下的。

港式柠檬红茶也追求浓郁的柠檬味和浓郁的茶味，香港老品牌“维他”出品的柠檬红茶，其广告语也是注重“涩”，柠檬的涩感与茶的涩感交融，再加上柠檬的果香和茶的甜度，形成独具风味的港式柠檬红茶。而在柠檬红茶基底茶的选择上面也更追随大众的口味：在香港地区，大众口味偏向轻发酵带涩感的大吉岭红茶；而在内地，偏甜偏香的口感更受欢迎，因此在基底红茶的选择上，内地则更倾向于高香清甜的滇红茶。这也反映了目前茶叶市场上一个有趣的现象：不是由厂家选择茶的口味风格，而是厂家根据市场的喜好来制茶。市场喜欢轻发酵的红茶，那在发酵环节上就适当调整发酵时间。以前是厂家主导市场口味，现在是市场主导厂家生产。

除了以上比较有代表性的港式奶茶、台式奶茶、柠檬红茶之外，滇红茶在新式茶饮里面的运用也很广泛，甚至有冷泡滇红茶。在众多的红茶中，滇红茶能在茶饮里得到广泛的运用，很大原因便是其滋味的协调性、产品的稳定及具有优势的价格。

二

云南红茶的历史

THE BOOK
OF
YUN NAN
BLACK TEA

1934 年以来的云南红茶发展简史

01 **1934 年**

李拂一曾以佛海（今勐海）附近所产茶叶制为“红茶”，寄请汉口兴商砖茶公司黄诰芸君代为化验，通函研究。复函认为其品质优良，气味醇厚。而西藏同胞认为其和酥油加盐饮用，足以御严寒、壮精神。由幼而老，不可一日或缺。虽由于嗜好习惯之各不相同，但佛海一带茶叶品质之不坏，可得一个旁证。

02 **1937 年**

佛海茶厂（今勐海茶厂）厂长范和钧：“1937 年春，中央经济部周贻春次长，在沪召开中国茶叶公司筹备会议。我有幸应邀出席。会议决定由皖、赣、湘、浙、闽产茶省份，每省各出资二十万元，由中央经济部及各大私营厂商集二百万元，成立中国茶叶总公司，由经济部商业司司长寿景伟任总经理。讵料是年七月，抗日战争全面爆发，东南各省茶叶产销相继停顿，中茶公司分公司迁往汉口，并在湖北恩施筹办恩施实验茶厂。由我负责设计创制各种制茶机械，采用大规模生产方式机制红茶，替代老法落后的手工操作，产品悉数运销重庆，畅销后方，成效显著。由于采用科学机械制茶，既提高了茶叶品质，又为发展国茶外销开辟了光明的前景，并为今后国内各地办厂提供了样板。”

03 **1938年11月**

冯绍裘在顺宁（今凤庆）制成红、绿茶各500克。邮寄至香港茶市，被评为我国红、绿茶中的上品。

04 **1939年**

冯绍裘在云南省茶叶公司的支持和帮助下开始筹建顺宁实验茶厂，以云南大叶种为原料试制工夫红茶成功，并借鉴国内其他红茶产品多以产地命名，同时又想将天空早晚红云喻义其中，定名为“云红”。

05 **1940年**

①滇红茶：
1940年4月9日，首批“云红”348市担，经过民国政府财政部贸易委员会下属的香港富华公司转销英国伦敦，因品质优良，获得茶界的高度评价。当年，云南省茶叶公司接受香港富华公司建议，借云南“滇”的简称和滇池的秀丽雅致，将云南红茶（简称“云红”）更名为“滇红”，从此，先后建立的精制厂生产出的红茶，除以厂家简称予以区别外，均以“滇红”雅称，一直沿用至今。

②红碎茶：

红碎茶是“滇红”茶的重要组成部分。云南红碎茶最早是1940年在勐海开始生产，当时的南糯山制茶厂、勐海茶厂都曾生产部分红碎茶，其方法是将茶树鲜叶经萎凋、揉捻、切碎、发酵、烘干等工序加工而成。其中的切碎工序，勐海茶厂是靠牛力拉动带齿的滚筒将倒在方形木槽中的茶叶碾碎完成。南糯山制茶厂则依靠从国外进口的大型揉捻机、高速动力切碎机等机械设备加工红碎茶。

06 **1941年**

南糯山制茶厂正式投产，有500平方米，每年生产机制茶2000担左右。为了促进茶叶出口，当时的教育家、实业家白耀明集中力量研制红茶，并引进国外机器，生产出来的红茶供不应求。普洱茶的中心由此转移到佛海县，红茶的出口量在当时也是云南茶叶之最。

07 **1942年**

日寇犯滇，腾冲、龙陵失陷，兵匪祸乱，外销红茶被迫紧缩，转产内销产品。

08 **1946—1949年**

战乱匪患，工商凋敝，生产萧条，茶叶生产奄奄一息，初露头角的红茶，产品无出路，被迫停止生产出口产品。

09 1949 年 12 月

卢汉率部起义，云南和平解放。中国人民解放军接管了政权，在军管会领导下，为尽快恢复云南茶业出口创汇功能，由国家财政直接投资，重建顺宁实验茶厂，全称为“中国茶业公司云南分公司顺宁实验茶厂”。同年，根据国际市场对红碎茶的大量需求，云南积极开展轧制红碎茶的试制和生产工作。

10 1950 年

倒闭的顺宁实验茶厂和中断的滇红出口产品重获新生，并从政治、经济、组织上为以后的发展壮大奠定了坚实基础。

11 1952 年

中国茶业公司在凤庆和车佛南茶区（车里、佛海、南峤的简称，大致相当于景洪、勐海和勐遮）组织了两个红茶推广队，大力推广工夫红茶初制技术。其中，凤庆推广队组建了 38 个红茶初制所，当年生产红毛茶近 100 吨；车佛南推广队组建了 12 个红茶初制所，当年生产红毛茶 20 吨。这些红毛茶精制后全部出口苏联及东欧国家。

12 1953 年

由于滇红从诞生起就定位为出口茶叶，因此产品质量体系一开始就与国际接轨，参照国际标准制定生产加工标准样，并实施出厂检验制度。

13 **1953 年以后**

凤庆 335 平方公里范围的产茶村、寨，都先后随茶园的发展而建立起红毛茶初制所。云南全省各产茶县，也先后借鉴凤庆经验，建立初制所，普及推广凤庆红茶工艺技术。

14 **1958 年**

凤庆创制的特级工夫红茶以每磅 500 便士夺得伦敦市场销售最高价，为国家争得荣誉。同年 9 月 19 日，凤庆茶厂将制造成功的超级工夫红茶送至北京，向党中央毛主席报喜，10 月，中共中央办公厅秘书室来信祝贺致谢并鼓励："希望你们继续努力，进一步提高产品质量，以满足人民日益增长的需要，并增加出口、争取多创外汇，支持国家的社会主义建设……"

15 **1959 年**

凤庆茶厂生产的特级工夫红茶被国家定位为外事礼茶，定型定量生产，专供国务院使用。同年，凤庆县大寺乡德乐电站建成，大河初制所先于全县用电力制茶。当年，凤庆茶厂成功创制匀堆机，实现成品工段流水作业联装机械化。

16 **1963 年**

云南省在勐海茶厂统一进行红碎茶试验，制定出毛茶统一标准样，之后凤庆引进红碎茶揉切机械，于 1964 年先于全省各茶区开始规范化批量生产滇红碎茶。从此，滇红既有工夫红茶，又有碎红茶。

17 **1964 年**

各大茶叶专家汇聚勐海茶厂，根据云南大叶种茶的特点，参考工夫红茶的制作经验以及云南多年来红碎茶的生产实践，进一步开展提高红碎茶初制品质的工艺技术和相应机具的研究工作，总结出适度萎凋、揉条、切碎、轻发酵、干燥等红碎茶生产的主要工艺措施。同时，勐海茶厂作为“全国分级红茶”实验点，对其所产的红碎茶按等级分类，促进了红碎茶在云南的推广和生产。滇红红碎茶大规模的批量生产从此开始。

18 **1966—1976 年**

“文革”期间，全国科研生产工作停滞，造成云南红碎茶的品质普遍较差、制茶设备较落后等问题，红碎茶生产陷入低谷。

19 **1978 年**

云南省为提高红碎茶的品质，先后在凤庆和勐海等地进行了 227 批次的创新实验，基本掌握了提高红碎茶品质的关键性措施，各大茶叶公司联合创新红碎茶初制工序：轻萎凋、快揉切、控发酵、一次干的创新工艺推动了云南红碎茶的生产与发展。同年，凤庆县大寺乡平河、回龙初制所传统工艺生产出的红碎毛茶原箱出口美国立普顿公司，每吨售价 2650 美元，超过当时国际市场高档茶平均水平 8.4%。当年原箱出口凤庆红碎茶计 326.6 吨，占全国原箱出口红碎茶的 36.47%。

20	**1980 年**	全国在武昌举行红碎茶质量评比，凤庆茶厂产品列全国四套样第一名。
21	**1985 年**	滇红茶开始从出口转为内销。同年，凤庆大叶种茶树群体品种被国家认定为全国茶树优良品种，简称“华茶 13 号”。
22	**1986 年**	10 月 17 日，时任云南省省长和志强将滇红茶作为国礼赠送来访的英国女王伊丽莎白二世。
23	**1989 年**	云南引进 CTC 红碎茶成套设备，生产效率显著提高，产品规格和质量深受国外客户欢迎，出口售价也比原来生产的红碎茶每吨提高 200 ～ 300 美元，至此云南红碎茶生产进入了一个新的发展阶段。
24	**2015 年**	3 月 4 日，云南省人大常委会副主任刀林荫代表云南省向威廉王子赠送陶艺包装的滇红工夫红茶“中国红”。滇红茶再次成为中英交流的见证。

1939年以来的云南红茶出口包装演变简史

包装作为实现商品价值和使用价值的手段，在生产、流通、销售和消费领域中发挥着非常重要的作用。尤其是在经济全球化的今天，包装与商品已经融为一体。但在改革开放初期，云南省的包装设计还处于“萌芽”阶段。设计“凤”牌红茶这一中国老牌滇红茶商标和包装的尹绘泽曾说：“包装设计既不是技术也不是艺术，它是商品定位分析理论和设计表现方法相结合的一种视觉传达效果。”

要知道，早年凤庆的红茶、绿茶曾按照高、中、低档分为15克、50克、100克三种容量进行了整合设计，最后设计出了30多个大大小小、风格各异的凤庆茶小包装。直到今天，这种凤庆茶小包装仍被认为是云南茶叶包装史上第一套按国际市场销售包装规范要求设计的、成规模的系列化茶叶包装。

下面我们就一起来看看云南红茶在出口时都曾用过哪些包装方式。

01	**1939 年**	第一批云南红茶 500 市担试制成功，先用竹编茶笼装运到香港，再改用木箱铝罐包装投入国际市场。
02	**20 世纪 50 年代初**	采用人工加工的无异味青木板料拼接成木箱，箱内用锌皮罐焊接封装，箱面裱粉红面纸，印刷“中茶”商标和年份、滇红、中国茶业公司等字样，四角用铁皮褡襻加固，钉盖封装，刷酸性朱红，抹桐油防潮，外壳用棕皮缝制，加铁皮十字箍后交运。
03	**1953 年**	改用牛皮纸夹铝箔做衬罐代替锌皮罐。
04	**1954 年**	改为牛皮纸夹铝箔贴板直接装订成箱代替衬罐，茶箱外包改用麻包代替棕包，取消铁皮十字箍。
05	**1956 年**	改用席包代替麻包。茶箱所用青木板，从 1954 年开始在永和、新寨、锦绣、雪山、中山岭、茂兴等地，抬机器上山设立伐木坊，自行采伐，先后八年共采青木树方板十多万方，约合 15000 多立方米，剃光了几个山头，消耗很大。

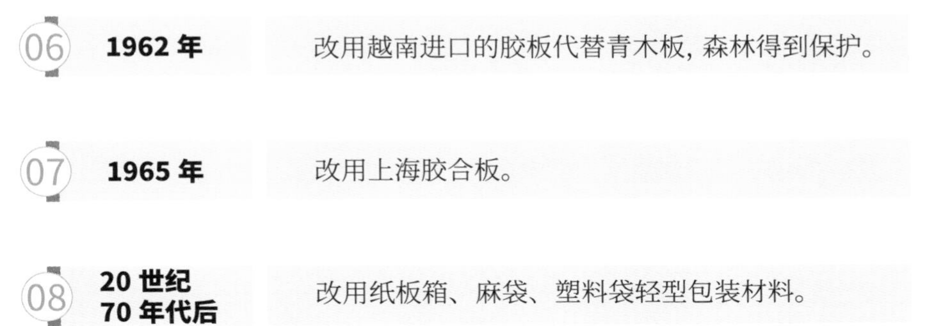

06	**1962 年**	改用越南进口的胶板代替青木板，森林得到保护。
07	**1965 年**	改用上海胶合板。
08	**20 世纪 70 年代后**	改用纸板箱、麻袋、塑料袋轻型包装材料。

三

THE BOOK
OF
YUN NAN
BLACK TEA

认识红茶，从了解六大茶类开始

从植物学上看，茶树是隶属于山茶科、山茶属的常青树，学名是Camellia sinensis（拉丁文）。我们饮用的茶都是以茶树的新芽叶为原材料制成的。人们可能会认为红茶和绿茶、青茶分别出自不同的茶树，而实际上，不管红茶、绿茶还是乌龙茶，它们都是用茶树的新芽叶制成的。但为什么它们最后的颜色、香气与味道会有如此大的差距呢？

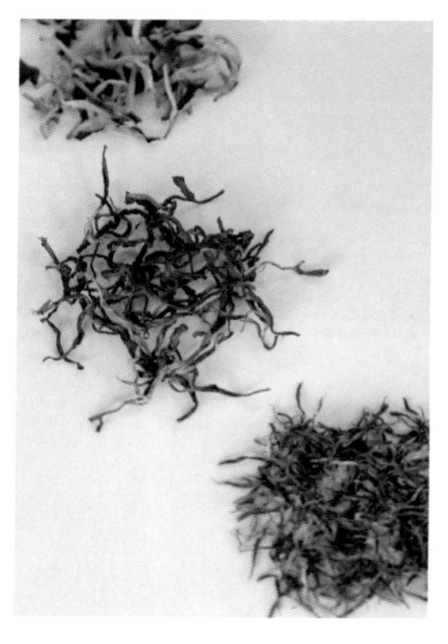

从上至下，分别为白茶、红茶、绿茶

颜色的奥秘：
红茶为什么是红色的？

世间种种颜色，有些来自染料，有些源于基因，也有些来自时间或微生物作用。源于染料的颜色，或美丽，或神秘，且总是恰如其分；源于基因的颜色，通常需要假以时日；源于时间或微生物作用的颜色，往往需要独特环境的孕育和精准区间值的把控。

我国近代高等茶学教育事业的创始人之一陈椽先生的文章《茶叶分类的理论与实际》中提出茶叶科学分类必须具备两个条件：一方面必须表明品质的系统性，另一方面也要表明制法的系统性。同时还要抓住主要的内含物变化的系统性。茶类发展的先后，应作为茶叶分类排列的次序。就是将传统而通俗的分类方法系统化，便于应用。根据制法和品质的系统以及应用习惯上的分类，按照黄烷醇类含量多少的次序，可分为绿茶、黄茶、黑茶、白茶、青茶、红茶六大类。这样排列，既保留劳动人民创造的科学的俗名，分类通俗化，容易区别茶类性质，还按循序渐进的原则，以茶叶内在变化的简到繁、少到多逐步发展的规律，加强了分类的系统性和科学性。

“绿”“黄”“黑”“白”“青”“红”，六大类茶中，每一类茶似乎都有它的主色调。你是否想过这些颜色从何而来呢？

于茶而言，造就不同茶类，使其拥有不一样主色调的，或许可以归结为茶多酚的氧化程度，为了便于理解，有时我们也将其称为发酵程度。而实际上，“发酵”（fermentation）与“氧化”（oxidation）这两个名词在英文里是两个不同的概念。以红茶为例，我们用发酵的概念去和外国人交流，说红茶是“全发酵”茶，外国人听不懂，因为英文“发酵”这个单词的含义中，有微生物参与的，才能叫作发酵；而红茶是茶多酚氧化程度最重的茶，这也是形成红茶品质的主要程序。

从发酵程度来说，六大茶类中的红茶属于“全发酵”茶。它是利用适当的温度和湿度，促使多酚氧化酶活跃起来，使叶片从“青绿”到“青黄”，然后是“黄”“黄红”“红”，从而形成红汤、红叶的红茶品质特点，由此

白茶干茶

白茶茶汤

红茶干茶

红茶茶汤

黄茶干茶

黄茶茶汤

我们把它叫作红茶。

绿茶干茶

另外，有意思的是，无论是滇红、祁红还是 CTC 红茶，它们冲泡出的茶汤虽然都呈现出汤色橙红的特征，但各红茶之间的红度和亮度却不一致，这主要与红茶中茶黄素、茶红素、茶褐素的含量和比例有关。

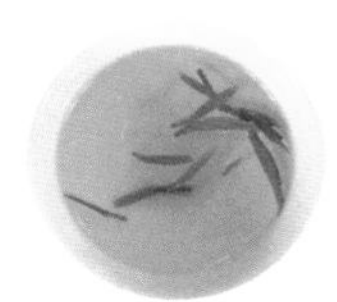
绿茶茶汤

绿茶是六大茶类中的不发酵茶。它的制茶原理是利用高温去钝化、破坏酶促氧化作用，使多酚氧化酶的活性遭受破坏，保留叶片的绿色。

青茶（乌龙茶）干茶

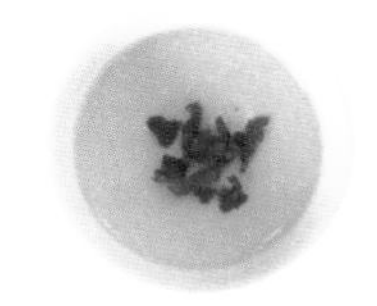
青茶（乌龙茶）茶汤

青茶（乌龙茶）是六大茶类中独具鲜明特点的茶叶品类，它是介于绿茶和红茶之间的一个半发酵茶。

黑茶干茶

白茶是六大茶类中加工方法最简单、最古老，也最讲究的一个茶类。它的加工方式是将茶树鲜叶采摘回来后静置，在自然条件下达到干燥状态。这种加工方式一直可以上溯到原始采集经济时期，是人类用茶的早期形态。

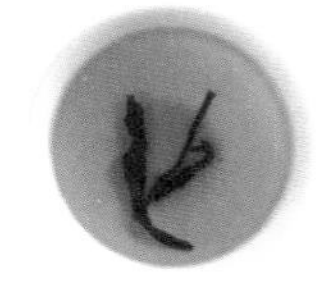
黑茶茶汤

普洱生茶饼面

普洱生茶茶汤

普洱熟茶饼面

普洱熟茶茶汤

黄茶是六大茶类中的轻发酵茶。它以“黄汤黄叶，滋味甜醇”著称于世。简单而言，黄茶就是在绿茶的基础上，经“闷黄”工序而形成的。

黑茶是六大茶类分类中的“后发酵茶”。早期，为了满足少数民族“煮茶而饮”的消费习惯，解决“耐煮性”问题，黑茶的用料常常等级比较低，这也就带来了它与其他类茶叶加工方式的不同。

过去人们普遍认为云南普洱茶是黑茶的一种，近年学界也有观点认为，认为普洱茶可从六大茶类中独立出来，自成一类。

普洱茶是以地理标志保护范围内的云南大叶种晒青茶为原料，并在地理标志保护范围内采用特定的加工工艺制成，具有独特品质特征的茶叶。因制作工艺的不同，它又分为普洱茶生茶和普洱茶熟茶。

“闻香识茶”：
一场香气的文艺复兴运动

在美食的领域，香气描绘是个重头戏。研究分子美食的科学家发现了一个令人震惊的事实，人类在吃东西时感受到的滋味只有 20% 来自味蕾，其他 80% 全是嗅觉的功劳。于是他们开始研究气味在饮食中的角色，并且把研究结果交给厨师去实践。

梁文道在《味道之人民公社》一书中说：“食物的味道是一个文化的核心辨识条件；你吃什么，你便是什么人。”许多人喜欢大排档，就是觉得那里的东西“够镬（huò）气”。“镬气”为广东话，意为在大火高温爆炒之下，食物蒸腾出来的气味。比起酒店里烹饪过程较长手续较为繁复的菜式，大排档那种最简单甚至粗糙的手法当然更能在一瞬间“轰”出食物的气味。

同样的，在茶叶的领域里面，似乎也有一场香气的文艺复兴运动。“闻香识茶”就常在饮茶场景中为人提及。

我们常形容红茶带有甜香、花果香、焦糖香；绿茶带有栗香、清香、火香；青茶带有花香岩韵；白茶有毫香、清香；黄茶清香；黑茶则带有特殊的陈香……

如果再细化，不同产区、不同品种、不同季节、不同加工方法出品的茶的香气也有很大区别。以红茶为例，滇红蜜香浓郁；金骏眉则花果香、甜香突出；烟小种松烟香明显……如果将上面提到的梁文道对味道的文化辨识观点转移到红茶身上，我们也可以说，你面前的这款红茶的味道就是它的核心辨识条件，它的味道是什么，它就是什么红茶。

从不同茶类香气的探究中，或许我们也能寻觅到茶叶所蕴含的东方气味美学。

滋味的多样：
共同谱写舌尖上的乐章

六大茶类的主要滋味

绿茶主要滋味

浓烈：丰富饱满甘爽，收敛性强，回味甘甜
鲜浓：浓厚而鲜爽，回甘
鲜爽：鲜洁爽口，有活力，回甘

黄茶主要滋味

甜爽：丰富适口，回甘
醇爽：丰富爽口，回甘

鲜醇：清新爽口，回甘

黑茶主要滋味

醇正：浓厚丰富，纯正回甘

醇浓：醇厚丰富适口，浓稠回甘

青茶（乌龙茶）主要滋味

浓厚：浓而不涩，浓醇适口，回味清甘

鲜醇：入口有清鲜醇厚感，过喉甘爽

醇厚：浓纯可口，回味略甜

醇和：清爽带甜，鲜味不足，无粗杂味

粗浓：粗而浓，入口有粗糙辣舌之感

青涩：涩且带有生青味

白茶主要滋味

清甜：入口感觉清鲜爽快，有甜味

醇爽：醇而鲜爽

醇厚：醇而甘厚

青味：茶味淡而青草味重

红茶主要滋味

鲜爽：鲜洁爽口，有活力

爽口：有一定的刺激性，不苦不涩

鲜甜：鲜而带甜

浓强：茶味浓厚丰富，刺激性强，有收敛性

鲜浓：鲜爽，浓厚而富有刺激性

甜浓：味浓而甜厚，高级“祁红”带有的滋味

从包容性上来说，六大茶类中，红茶的包容性是最强的，可以领略汤色原汁原味的清饮，也适合搭配糖、奶、蜂蜜、柠檬、玫瑰花等来调饮，既有丰富的口感，也可以滋养身心。

总的来说，只有视觉、味觉、嗅觉、触觉等多方面的感官联动与配合，才能演奏出茶汤在舌尖上的完美乐章。

云南红茶是什么？

云南红茶是什么？有人说云南红茶是以云南大叶种为原料，采其一芽二、三叶制成的“滇红”（1940 年，云南红茶统一改称“滇红”，“滇红”之名一直沿用至今）；有人说云南红茶是云南地区所有红茶的统称，包括滇红工夫茶和滇红碎茶。这两种定义，没有对错，只是狭义云南红茶和广义云南红茶的区别。无论狭义或是广义的说法，云南红茶的制作同所有红茶一样，都得经过萎凋、揉捻、渥红（发酵）、干燥的制作工序。

云南的怒江、澜沧江两岸孕育着世界最古老的茶树。千百年来，它们伫立在雨林之中，看尽了世间的沧海桑田。粗壮的枝干，在年复一年冬去春来的季节更替里，在蛰虫惊动春风起的时刻，开始萌动新芽，犹如年迈的老者依旧散发着清新迷人的气息，令人称赞不已。

凤庆锦绣茶祖

唐宋时期，云南的普洱茶早已在茶马古道上日夜穿梭，在口齿唇舌间啜苦咽甘。尽管云南有着如此悠久的产茶历史，然而直到 20 世纪 30 年代末，才开始出现红茶的身影。根据云南的茶叶地理分布，划分为滇西、滇南和滇东北三大茶区。其中，滇西和滇南两大茶区的 20 多个州县盛产红茶，滇红工夫茶的主产区在两江流域的滇西地区，而红碎茶的主产区则在雨林深处的滇南。

18 世纪以来，中国茶外销世界，尤其是英国、法国、荷兰、葡萄牙等欧洲各国。维多利亚时代（1840 年）开始，红茶在下午茶时光中便充当着重要的角色，泰晤士河畔的英国人自嘲说 1/3 的人生都消耗在茶里。一杯香浓的红茶，加入牛奶和少许方糖，用茶匙在茶杯里来回搅拌两三下后，端起来抿上一口，香甜可口，或是与旁人私语，或是陷入忘我之境，等回过神时，茶杯的热气已经散了，精致的甜点也空了。下午茶时光稍纵即逝，人们重新回到工作岗位继续之前未完的工作。

若说南方多地种植的茶树是小鸟依人的温婉女子，那么云南大叶种茶树则是高大豪爽的魅力大叔，它长得同乔木一般高大，树姿半开展，树冠浓密，芽叶肥壮，茸毛多，全身上下都散发出强烈的荷尔蒙气息。云南大叶种鲜叶含有大量茶多酚，是制作红茶的优良品种。大叶种制出的红茶形美、色艳、香高、味浓，具有“印锡红茶之色泽，祁门红茶之香气”，深受中外茶友的喜爱，更是英国下午茶的宠儿。

“滇红之父”冯绍裘：改写中国只用小叶种茶做红茶的历史

冯绍裘铜像

“滇红”的诞生离不开一个人，那就是“滇红创始人”——冯绍裘。

1938 年 11 月初，顺宁县城。

虽然已经入冬，顺宁，也就是现在的云南省临沧市凤庆县，这儿的冬天，并没有刺骨的寒意，太阳一出，暖烘烘的。凤山茶园还有漫山遍野的绿意。

一个外乡人步伐缓慢地行进在凤山茶园，只见他走几步，就会停一会儿，摘下几片茶叶，迎着光看看，又放在鼻尖闻一闻。这个人，是湖南人冯绍裘。顺宁人不知道，这个神情略显拘谨的中年人，是国内著名的茶学家，就在两年前，他改变了祁门红茶手工制作的落后传统，让祁门红茶在国际市场上大放光芒。而这次他来到顺宁，身负重要使命：为中国茶叶总公司寻找新的茶叶基地，为抗日战争提供物资救援。

冯绍裘是从昆明出发的，到顺宁之前，他已经沿路考察了许多茶园，当冯绍裘看到凤山茶园冬日里依然翠绿明亮的茶树时，内心突然如释重负。

云南大叶种茶鲜叶

发酵

萎凋

烘焙

揉捻

冯绍裘亲自制定的“滇红”工夫毛茶工艺程序

比之战火纷乱的内地，这个偏居一隅的边疆县城，居然留存着几分安宁，算是乱世中的净土。更难得的是，顺宁还有品质优异的云南大叶种茶。冯绍裘仔细端详着手里的几片鲜叶，轻轻捏揉，放进嘴里慢慢咀嚼，立即感受到大叶种茶与小叶种茶最大的不同——茶多酚含量高，这意味大叶种茶滋味醇厚，但是苦涩味道也会更重，所以之前业界普遍认为大叶种茶不适合欧洲人的口味。但是，冯绍裘觉得，只要茶叶品质好，一切都有可能，他当即下定决心，要在顺宁试制红茶。

在这之前，中国的红茶，都是用小叶种茶做的，其中最负盛名的是祁门红茶。从来没有人想过要用云南大叶种茶来做红茶原料。

冯绍裘的底气是他以往的成功经验给予的：冯绍裘拥有丰富的制茶经验，在业界拥有很高的威望。冯绍裘觉得，用大叶种茶结合之前的红茶制作技术来做出大叶种红茶，既是一个机遇，更是一个挑战。

经过反复试验，冯绍裘还真的做出了满意的红茶。成功当天，他欣喜地约隔壁办公室的同事一起试饮这种全新的红茶，而没有喝过红茶的顺宁人，都为这样的口感惊艳，冯绍裘更是又惊又喜，顺宁红茶的口感，比他预期的还要好。冯绍裘给顺宁红茶取名“云红”，并把云红茶样寄回了中国茶叶总公司。总公司将“云红”改作“滇红”，并请冯绍裘开始建设顺宁实验茶厂，并负责滇红茶的生产。

建厂一事紧锣密鼓地展开，也成了顺宁城里喜闻乐见的大事。正是战时，交通不便，物资短缺，冯绍裘花时间花精力想尽一切办法，解决建筑材料短缺、建筑工人缺乏的实际问题，同时在本地和外地招贤纳士，通过中茶公司，向安徽、浙江、湖南、江西等地招聘制茶技师投身到茶厂的筹建中。实验茶厂是冯绍裘的心血，集合了无数人的汗水与智慧。那是一个国家兴亡、匹夫有责的年代，顺宁试验茶厂，成了大家为国尽力的象征。

顺宁实验茶厂建好了，成了顺宁城里最醒目的建筑，厂棚虽然简陋，却干净明亮，馥郁的滇红茶香从偌大的厂区向整个顺宁城飘散开。此后，顺宁实验茶厂源源不断产出红茶，为国家抗战以及经济建设做出巨大贡献。新中国成立后，顺宁县改作凤庆县，顺宁实验茶厂更名为凤庆茶厂，并扩大建设规模，由此，冯绍裘以及随后无数茶人创制的顺宁实验茶厂，开启了属于凤庆茶厂时代新的辉煌。

适合制作云南红茶的主要茶树品种

茶叶品质的好坏取决于制茶原料和加工技术，而原料的好坏又取决于茶树生长的自然条件、管理制度、采摘茶叶的技术好坏，以及茶树的品种。正因为有这些方面的不同，才使斯里兰卡红茶、大吉岭红茶、祁门红茶、正山小种等单品红茶各自都有独特的香和味。

追溯茶树的品种源头我们会发现，中国既是茶树的原产地，又是世界上最早发现、栽培茶树和利用茶叶的国家。山茶科山茶属植物起源于上白垩纪至新生代第三纪的劳亚古大陆的热带和亚热带地区，至今已有 6000 万～ 7000 万年的历史，有史考证的人工栽培茶树已有 3000 多年历史。茶已经成为世界人民普遍喜爱的饮料。世界各国的茶种、茶苗最初都是从我国直接或间接传入的，所以中国又被誉为世界茶叶的祖国。

云南独特的地理环境和生态环境，孕育了丰富的茶树品种资源。经过20 多年来专家们对云南茶树资源的系统调查、鉴定研究，根据张宏达1998 年在《中国植物志》中的茶组植物分类系统，茶组植物共有 31 个种，4 个变种，其中云南有种和变种共 26 个，占茶种总数的 74.3%。而其中的云南大叶茶（camellia sinensis var. assamica）种质优良，内含物质丰富，制成的红茶具有色泽乌黑油润、汤色红艳明亮、滋味浓强鲜爽、叶底红匀明亮等特点，是中国红茶的代表，在茶叶界享有“色香味俱佳，声誉遍天涯”的美誉。

从茶树品种上看，常用于制作云南红茶的品种可以分为以下几种（见表1～表 3）：

表 1　临沧市适合制作红茶的主要茶树品种

序号	茶树品种名称	特　性		
1	勐库大叶种	有性系	国家级良种	植株乔木型，主干明显，制成红茶香气高鲜，滋味浓强鲜
2	凤庆大叶种	有性系	国家级良种	植株乔木型，主干明显，制成红茶香气高锐持久，滋味浓强鲜爽
3	云抗 10 号	无性系	国家级良种	制成红茶香高持久，带花香，滋味鲜爽
4	凤庆 7 号	无性系	新选品种	茸毛多，显金毫，芽头重实，持嫩性好，制成红茶香气悠扬显甜，滋味醇厚回甘
5	凤庆 9 号	无性系	新选品种	茸毛多，显金毫，芽头肥硕，持嫩性好，制成红茶香气高爽，滋味醇和回甘
6	清水 3 号	无性系	自选品系	制成的红茶较甜，香气中有股茶树品种本身特有的香气
7	香归银毫	无性系	自选品系	1997 年鉴定，当时香港回归，所以取名香归银毫。茸毛多，显金毫，芽头肥，持嫩性好，有独特的品种香，滋味鲜甜，尚浓强

表 2 普洱市适合制作红茶的主要茶树品种

序号	茶树品种名称	特 性		
1	云抗 10 号	无性系	国家级良种	制成红茶香高持久，带花香，滋味鲜爽
2	云抗 14 号	无性系	国家级良种	制成红茶香高持久，带花香，滋味鲜爽
3	长叶白毫	无性系	省级地方良种	制成红茶香高持久，带花香，滋味鲜爽
4	雪芽 100 号	无性系	市级良种	芽头肥壮，显毫，制成红茶花香显，滋味醇和带甜，汤中有花香
5	云瑰	无性系	省级地方良种	制成红茶香气高鲜，滋味浓强
6	矮丰	无性系	省级地方良种	制成红茶香高持久，滋味鲜爽

表 3 勐海县适合制作红茶的主要茶树品种

序号	茶树品种名称	特 性		
1	紫娟	无性系	待审	小乔木，制成红茶干茶外形黑紫，制成的红茶中原有的辛辣味转化，汤中略带辛辣味
2	云抗 10 号	无性系	国家级良种	制成红茶香高持久，带花香，滋味鲜爽
3	勐海大叶种	有性系	国家级良种	制成红茶香气高锐持久，滋味浓强鲜爽

文化上的认同，比其他东西更能把人联系在一起。尽管试制滇红茶的茶树品种众多，但偏爱凤庆茶区红茶的老茶客们认定，只有用凤庆大叶种茶树群体品种（老品种）茶树鲜叶制作出的红茶才是口味最正宗的滇红茶。就连入驻凤庆的茶叶厂商也偏爱收购老品种红茶，例如，“小罐茶·滇红茶”在原料上就指定只使用凤庆的老品种茶。

矮丰

凤庆 7 号

凤庆 9 号

凤庆大叶种

勐海大叶种

勐库大叶种

清水 3 号

香归银毫　雪芽 100 号　云抗 10 号　云瑰

云抗 14 号　长叶白毫　紫娟

20 世纪 50 年代初期，凤庆当地大力推广茶树种植，据凤庆本地茶叶商人罗金洲介绍，“当年，除了种粮食的平地外，几乎所有能种植物的山坡都被种满了老品种茶树。”可见当时以实生苗育种（有性繁殖）的凤庆老品种茶树种植面积之广。2000 年前后，受“退耕还林”政策影响，一部分农田被种植上了能够产生经济价值的茶树，“这一批茶树基本上都是以扦插方式繁育（无性繁殖）种植的”。

“在价格上，早期新品种茶出现的一段时间内，用新品种茶树鲜叶做的红茶单芽 500 g 就能卖 400 多元，而相同基数的老品种红茶单芽卖价只有它的一半。”近些年，随着人们对红茶需求的变化，老品种红茶又重新成为市场的宠儿，价格也随之上涨，甚至超过了新品种红茶的价格。“现在，新品种红茶单芽的售价相对刚开始降了一半还多。”罗金洲说。

在罗金洲看来，老品种红茶之所以又能重新受到市场的欢迎，一方面是因为凤庆大叶种茶树群体品种品质足够优秀，它在 1985 年就被国家认定为全国茶树优良品种，简称“华茶 13 号”，人们对新品种的新鲜感褪去后，可能还是觉得老品种制出的红茶更对口味；另一方面，在销售层面，老的、有历史的东西，能讲的故事更多，销售者在营销推广中的话语更丰富。

即便现在老品种红茶受欢迎，但罗金洲还是觉得，不能因为现在老品种价格高就否定新品种茶树的价值，因为既然当年它们能够作为一个个独立的品种出现，一定是专家们培育后觉得是优良的，才进行大面积推广种植，“保不准哪天新品种又受市场欢迎了呢？”

所以，想要制作一款高品质红茶，首先要了解这片区域的茶树品种，了解其特性，根据想要的红茶品质，结合市场需求来选择茶树品种，再来调整工艺，如此，制作红茶时会事半功倍。

南方嘉木　味浓香永
——茶树生长与产地的关系

云南红茶的产地价值：
高海拔红茶

《晏子春秋》有："橘生淮南则为橘，生于淮北则为枳，叶徒相似，其实味不同。所以然者何？水土异也。"橘树本生长在淮河以南的地方，移栽到淮北，尽管叶子还是橘树的叶子，但淮北的气候和土壤条件并不适宜橘树的生长，橘树长成了枳树。故而有橘生淮南为橘，生北为枳的言论。

茶叶亦然。不同的地理纬度和海拔高度，有不同的自然环境，客观上，地理位置就是全部自然环境的载体。因此，欲得好茶，就要寻找好环境。

森林中的茶园

云南红茶的核心价值是它的产地价值。云南地处我国西南，云南主要的产茶区基本分布在横贯东西的北纬 23° 27’附近，而这个在北回归线附近不超过 3°的纬度范围内的地区被科学家称为“生物优生地带”和“茶叶黄金带”。

从茶树生长海拔上看，云南红茶也有着强大的地理优势。云南处高海拔地区，喜阴好湿的茶树也大多生长在这一区域。在雾露的滋润下，茶树氮代谢得以提升，大量全氮和氨基酸聚集，让芽叶可以长时间保持鲜嫩，促进芳香物的积累；日照时间长，充分的光照条件下，茶叶经光合作用积累更多有机物质，阳光在漫反射作用下有利于遮挡、减弱蓝紫光，促进氨基酸和蛋白质合成，使茶苦涩味减弱，粗纤维减少，凸显芳香物质；高海拔还带来了常年保持在 10° C 以上的昼夜温差，这样悬殊的昼夜温差也让茶树生长缓慢，果胶质含量增高，白天积累的糖分等营养物质和香气在低温环境下得以留存，糖的总含量决定了茶汤的厚度，所以，同等条件下的茶树，海拔越高，茶汤滋味越醇厚。

云南还是世界古茶树的发源地，茶树种类多达 260 余种。至今，云南郁郁葱葱的热带雨林内，仍分布有大量的野生乔木大叶种茶树。用于制作红茶的云南大叶种茶芽肥硕，茶多酚、咖啡因和水浸出物含量都较高，制出的红茶茸毫显露，香郁味浓。

凤庆茶山

云南红茶风味地图

一种味道就能勾起久远记忆中的原始冲动。就像我们开一瓶葡萄酒会从它的香气中判断它产自哪里，背后的故事是什么，它是如何加工的。红茶如红酒一样，在知道它的加工过程、生产地和它的历史后，味道也会变得更加醇厚。

相比其他饮品来说，红茶的优点十分多。从种类来看，红茶的种类多样，仅次于红酒，比如在国内，我们有云南红茶、祁门红茶、贵州红茶、广西红茶、海南红茶、英德红茶……这些红茶都是以其生产地命名的。这也就给了我们一个提示，即这些茶叶的生产地是不同的。

由于红茶的产地、生产季节和加工方法不同，它的味和香也不同。以云南红茶为例，它的产区主要分布在澜沧江沿岸的临沧、保山、普洱、西双版纳、德宏、红河 6 个市州的 20 多个县。这些地区生产加工出的红茶味道也略有不同。

通常，我们将这种因产地而产生的差异和特征称作“风土”。 风土原指在葡萄生长时，地理因素、气候因素、葡萄栽培法等影响红酒味和香的因素总和。现在，风土也用于描述其他农产品的影响因素，包括土壤条件、降水量、光照条件、风力、灌溉、排水等。欧洲人认为，由于各自的风土不同，即使是相同的品种，它们的味和香也会有所不同。广义的风土还包括各个地区不同的栽培方法和加工方法。

也就是说，现代意义上的风土并不单纯指茶树生长的场所，还包括该地区生产者所拥有的技术以及可以对红茶的味和香造成影响的一切因素。

下面，我们就从产地来了解一下云南红茶主要都有哪些风味吧。

西双版纳 · 勐海：
高香味浓，醇厚甜柔

西双版纳勐海县，位于西双版纳州西部，被称为中国普洱茶第一县，“勐海”二字在傣语里的意思是勇者之家。

勐海县属热带、亚热带西南季风气候，冬无严寒、夏无酷暑，年温差小，日温差大，多雾是勐海的一个特点。勐海拥有发展茶叶的优质自然资源，截至 2019 年，勐海全县的茶叶种植面积 87 万亩，可采摘面积 73 万亩，精制茶产量 2.7 万吨。

勐海的茶产业发展也比较早，清末民初，石屏、普洱等地的茶商纷纷到勐海开设茶庄，加工茶叶，运输茶叶的马帮商队络绎不绝，茶叶从勐海出发，从缅甸转口，远销尼泊尔、西藏等地，民国年间，勐海县城成为西双版纳的茶叶中心。

勐海制作滇红茶的历史，最早可以追溯到 1938 年。这一年，在著名学者李佛一先生的带领下，开始在勐海试制红茶。李佛一先生在《勐海茶叶概况》中，曾呼吁将勐海茶叶的一部分改制红茶，广开销路，他认为：“佛海茶业前途有充分发展之希望。”并于 1938 年 10 月向民国政府经济部商业司司长、中茶公司总经理寿景伟提交报告，建议经济部派专家到勐海试制红茶。

1939 年春，中国茶叶公司派茶叶机械与加工专家范和钧、张石城到勐海进行了为期半年的考察，同时筹建了勐海茶厂。范和钧先生采用勐海大叶种茶鲜叶试制了红茶、绿茶，认为勐海茶叶“产量极丰，品质醇厚，制成红茶足与印度大吉岭、安徽祁门红茶相媲美，如大量制销，必能风行国际市场”。在将茶样寄往香港、上海检验后，中外茶师均认为其红茶色、味优于祁红，香高于印度红茶。

1940 年春，来自鄂、赣、沪等省市及云南省内部分地区的首批技术工人 90 余人到达勐海，在厂长范和钧的带领下，勐海茶厂正式动工兴建，同时积极在农村推广红茶初制技术，建立了三个红茶初制所。

勐海茶厂采取边建厂边生产的方式，从泰国采购的部分机器开始运转，生产出了第一批机制红茶。到 1941 年底，勐海茶厂共生产工夫红茶约 200 吨，产品运销缅甸、仰光等地。

虽然勐海历史上制作过红茶，但现在则以制作普洱茶为主。

普洱 · 普洱：
清甜可口，蜜香花香

普洱市，别称思茅，位于云南省的西南边，澜沧江中下游，北回归线以南，东临红河、玉溪，南接西双版纳，西北连临沧，北靠大理、楚雄。东南与越南、老挝接壤，西南与缅甸毗邻，国境线长约 486 公里（与缅甸接壤 303 公里，与老挝接壤 116 公里，与越南接壤 67 公里）。

它还是世界茶源、中国茶城、普洱茶都，是世界茶树原产地的中心地带，也是普洱茶的原产地。说到“茶马古道”，就不能不说到普洱市，思茅就曾经是“茶马古道”上的重要驿站。出现于景谷的3540万年前的宽叶木兰化石（茶树始祖），以及拥有2700年树龄的镇沅千家寨野生世界的活标本“茶树王”和上千年树龄的澜沧邦崴过渡型古茶树、1800多年历史的景迈山万亩人工栽培古茶园，足以证明茶叶在普洱市历史上的重要性。

除了生产普洱茶外，普洱茶区的红茶产量也很大。因当地鲜叶采摘成本和原料成本相对较低，所以该茶区制成的红茶相对临沧茶区红茶价格更实惠，且受气候、茶树品种等差异影响，普洱茶区的茶树发芽时间较早，云南茶叶市场上每年最早的红茶新茶多出自普洱。

从茶叶外形上看，普洱茶区制成的红茶外形优势突出，特别是红茶单芽的外形优势更突出，相比临沧茶区的红茶单芽外形更肥壮，但从茶叶滋味来看，普洱茶区茶叶制成红茶的滋味普遍不如临沧茶区的醇厚。

保山·昌宁：
琥珀金汤，滋味灵动

《昌宁茶叶志》记载，昌宁是茶马古道上重要的驿站，通过茶叶贸易促进了西南民族的大融合、大发展，同时，昌宁作为这条茶马古道上的重要驿站也成为中国与东南亚地区互相联系的重要枢纽。

昌宁位处云岭山系和澜沧江交错起伏之间，滇藏茶马古道穿越其中。全县茶区多分布在海拔 1000 米以上地区；土壤多为红壤，土层深厚，土壤通透性好，有机质丰富；年温差小，昼夜温差大；雨量丰沛，空气湿度大，云雾期漫射光多，茶树长势旺盛，茶叶品质好。

悠久的历史文化及茶叶品质，为昌宁赢得了“千年茶乡”的美誉。昌宁的古茶树散落分布在海拔 1400 ～ 2500 米的区域内，既有野生型的大理茶树，又有栽培型的普洱茶树，还有两者自然杂交后的过渡型茶树。传统的昌宁红茶有昌宁工夫茶和昌宁红碎茶两种。昌宁工夫茶产自昌宁县的漭水、田园、温泉诸乡镇，特别是选用古茶树茶芽制作的昌宁红茶，是工夫红茶中的佼佼者。

据初步调查统计，在昌宁生长着 42 个野生古茶树群落，有古茶树 20 万余株。基部径围 50 厘米以上的古茶树有 39000 余株，其中有 118 株的基部径围超过了 300 厘米，最大的 4 株超过了 400 厘米。这些珍稀的古茶树，有的生长在原始森林里，有的散布在田间地头，有的坐落在房前屋后。千百年来，这些古茶树与村民的生产生活紧紧地融合在一起。

近年来昌宁红茶快速崛起，有与凤庆争夺滇红茶原产地的趋势。

临沧 · 凤庆：
红汤金圈，薯香味醇

如果将云南红茶的主产区再缩小一点的话，临沧以北的凤庆县（古称顺宁）则是滇红茶的核心产区，它更是被誉为滇红茶的“诞生地”，是著名的“滇红”之乡。

在老茶客的品味中，同属临沧产区的凤庆红茶与昌宁红茶，口感相差不是特别明显。早年，由于滇红集团的茶叶需求量大，昌宁的红茶几乎都是运到凤庆销售。

凤庆制茶历史悠久，顺宁府是明清时代茶马古道西线的核心枢纽。云南茶马古道主要有东西两条线路，一般人对东线比较熟悉，从江内的易武、江外的勐海、澜沧等地区到普洱府集中，然后北上大理的下关集散运往藏区，或者从普洱市到昆明再运往内地。

茶马古道西线是从双江勐库开始，包括周边的缅宁（今临翔区）、永德、云县等茶区的茶，在顺宁（凤庆）集中，然后过澜沧江的青龙桥，沿着顺下线经过鲁史古镇、巍山到达下关，与东线汇合，然后运往藏区。就像今天勐海与凤庆是云南茶区的“双子座”一样，当年云南茶区的中心是普洱府和顺宁府。

明清时期，云南茶主要就是普洱茶，那时滇红茶还没有诞生。清乾隆年间，王昶著《滇行日录》论云南茶：顺宁茶味薄而清，甘香溢齿，云南茶以此为最……这个论述非常准确地描述了顺宁普洱茶的口感——香甜度高，茶汤厚度比勐海茶更薄一些，清冽的感觉以及水里含香、唇齿留香的特点明显。

凤庆还是世界公认的茶树原产地之一。根据凤庆县于 20 世纪 50 年代、70 年代、80 年代、2003 年 10 月和 2005 年 5 月组织的古茶树资源普查结果，凤庆县共有古茶树资源 56500 亩，其中野生古茶树群落 32100 亩，明朝以前的驯化型古茶树 3100 亩，清朝种植的驯化型古茶树 21300 亩。其中树干周长超过 2.2 米的大型古茶树十多棵，最大的香竹箐锦绣茶祖古茶树树干周长 5.8 米，树高 10.6 米，是获得吉尼斯世界纪录的世界上最大的古茶树。根据相关专家考证，它有 3000 多年历史。

同时，凤庆这样的高海拔环境下，茶叶生长周期较长，相对拥有更优的品质。茶学家陈兴琰教授曾说："顺宁（今凤庆）之自然环境，极易于茶树生育，茶树品种有类似于印度及锡兰所植之阿萨姆种，单宁成分多，极宜于外销红茶之制造，且可试植于全国之低级红茶区，以求增进全国红茶之品质，进而与印锡红茶相竞争。"

我们谈凤庆茶首先要谈的是滇红茶，但又不仅仅是滇红茶。凤庆虽然是红茶第一县，但它并不只生产滇红茶，普洱茶和绿茶产量也很大。根据《凤庆县志》记载，2005 年凤庆销售红茶 3457 吨、绿茶 576 吨、普洱茶 2467 吨。

为了能够多角度地感受凤庆这个滇红茶的核心产区，下面我们就通过一则人物故事来深入了解它吧。

段天锡：
冯绍裘请我喝滇红

“冯绍裘请我喝滇红。”已过百岁的段天锡老人常以此为开头来回忆他关于滇红、关于冯绍裘的往事。

1938 年冬，这天早上，段天锡刚进办公室，隔壁的冯绍裘就过来请他过去喝茶，而脸上是抑制不住的兴奋。段天锡不禁好奇，认识冯绍裘的时间虽然不长，但还是能感觉他是个性情内敛、沉稳的人，今天居然如此溢于言表，莫非是做红茶有进展了？

段天锡的猜测还是有些保守：冯绍裘不仅仅是有进展，而且已经把红茶做出来了。段天锡和冯绍裘熟悉起来就是因为茶，段天锡在顺宁县教育科上班，他家里有茶园，自己对制茶也很有兴趣，工作之余会琢磨做茶功夫，冯绍裘就在段天锡隔壁建设科办公，段天锡听说他是个茶学专家，偶尔在楼道遇上，冯绍裘显得十分谦和有礼，在听说段天锡也喜欢茶之后，还跟他有过几次关于云南大叶种茶的探讨。

就在那天早上，20 岁的段天锡喝到了滇红茶，当时的他没想到，这杯红茶将为中国抗日战争提供强大的物资支援，并在顺宁的历史上书写一段关于茶的伟大篇章。

第二年起，段天锡很少见到冯绍裘在建设科办公室，他听说冯绍裘正在忙着顺宁实验茶厂的筹建事宜，这也是顺宁城里的一件大事。冯绍裘在顺宁城招木工，招做茶熟练工，段天锡周围的不少亲戚朋友都被招聘进去，厂里给的薪水很不错。一时间，能到顺宁实验茶厂上班，成了顺宁城老百姓面上有光的事情。

段天锡再见到冯绍裘，是冯绍裘邀请他来上自己办的免费茶技培训班，学习制作滇红茶。在这之前，顺宁人都只会做晒青毛茶，也谈不上做茶工艺，所以茶质虽好，但成品品质粗糙。冯绍裘为了提升红茶品质，在茶厂开了一个免费培训班，招收了城区附近的 70 多个茶农，学习摘茶、萎凋、揉捻等工艺环节。

经过一个星期的培训，茶农们都掌握了红茶制作的流程与关键，按照冯绍裘的教学计划，这些茶农回到自己的村社之后，还要以现场培训的方式，将红茶制作工艺教给更多茶农。就这样，滇红茶的质量，从源头起就得到了更多的把控，村里开始有了茶叶初制所，便于村民摘好茶叶之后，当天进行粗加工。冯绍裘把收购原料的价格提高，村民的积极性越发高，顺宁出现了种茶制茶热，凤庆茶农从只会做晒青毛茶，到人人都精通红茶制作工艺，大家过上了那个特殊年代里难得的好日子。段天锡家的茶园，也给家里创造了更大的价值。

为了提高滇红茶产量，冯绍裘自己设计揉捻机器，按照自己在祁门引进的红茶初制机械设备原理，进行细化改良，画出图纸，到昆明定做，然后再找当地木匠做出揉捻板，制成了三筒式手揉机、脚踏与动力两用的烘茶机等等。新的机器一上马，滇红茶不止品质得到提升，产量也大大提高。第一年，顺宁实验茶厂试制出滇红茶 25 吨，这些滇红茶，由马帮托运，沿顺宁鲁史古道，经滇缅公路运至香港，再由香港出口伦敦。从此，滇红茶凭借优异的品质，换回了大量外汇，支持着抗日战争。顺宁城的居民，包括段天锡在内，都为自己家乡的茶能为国分忧感到十分自豪，而他们能做的，就是尽量好好种茶，好好做茶。

几年后，段天锡依然从事教育工作，冯绍裘离开了顺宁，回到总公司。新中国成立后，顺宁改名凤庆，试验茶厂也换了新的名字——凤庆茶厂，并扩建达到前所未有的规模，吸引了更多的外地专业人才的到来。滇红茶，让这座小城充满了勃勃生机。

2019 年，已过百岁的段天锡老人成了凤庆知名文人、历史见证者，他自己都说不清，有多少人、多少媒体，采访过他关于滇红、关于冯绍裘的往事。闲时喝茶，他也还是会想起冯绍裘教给他的工艺，想起他年轻时用这套工艺做出汤色明亮、茶香扑鼻的滇红茶。不管经历多少世事变迁，喝着滇红茶，段天锡常回忆起的，依然是 1938 年的那个冬日，他在建设科喝到的滇红茶，以及冯绍裘那兴奋喜悦的表情……

也是从那天起，凤庆作为滇红茶的“诞生地”和 “滇红”之乡，注定要被后人铭记。

【小课堂】

大叶种红茶和小叶种红茶的区别在哪？

云南红茶多为大叶种红茶，那么，你是否知道大叶种红茶与其他省份的中、小叶种红茶，在品种、外形、滋味、香气等方面又有哪些差别呢？

品种

云南的热带原始森林郁郁葱葱，林海莽莽，生长着众多的珍贵植物，云南大叶种茶树就生长在这样得天独厚的自然环境之中。云南红茶选用的是云南特有的大叶种茶树为鲜叶原料，其外形满被茸毫，色泽鲜绿，叶如巴掌大小，制出的红茶香气持久、滋味醇厚。而我国其他茶区的红茶大都采用中、小叶种加工完成。相比中、小叶种茶树，云南大叶种是中国最优良的茶树品种之一，品质好，产量高，芽叶肥壮，发芽早，白毫多，育芽力强，生长期长，叶质柔软，持嫩性强。其鲜叶中水浸出物、多酚类、儿茶素总量的含量均高于国内其他优良品种，与印度阿萨姆种、肯尼亚种同属世界茶树优良品种，是适宜制作优秀品质红茶的好品种。

外形（生物特性差异）

1. 叶片不同

云南大叶种茶叶片大而柔软，满披银毫，成熟叶片长度可达 30 厘米。芽头肥硕，

大、小叶种红茶对比

大、小叶种叶片

小叶种芽头和大叶种芽头

因此制成的滇红工夫茶金毫显露，条索粗大，就像是一位身披黄金战甲、骁勇善战的将军，他踏马而来，所到之处尘土飞扬，豪迈地宣告着大获全胜的消息。而小叶种的鲜叶小而脆硬，叶面的革质层较厚，制成的干茶条索紧细，外形秀丽，如同一位有着倔强个性的曼妙女子。

从外形上看，二者风格迥异，对比鲜明。

2. 芽叶不同

①大叶种红茶芽叶重 0.4 ~ 0.5 g，每 0.11 m^2 采面上芽叶数有 200 ~ 250 个。

②小叶种红茶芽叶重 0.2 ~ 0.25 g，每 0.11 m^2 采面上芽叶数有 400 ~ 500 个。

3. 栅栏组织不同

①大叶种红茶栅栏组织细胞内叶绿体较多，有 60 ~ 100 片层，光合速率较高，海绵组织多而松。

②小叶种红茶栅栏组织细胞内叶绿体较少，有 20 ~ 40 片层，光合速率较低，海绵组织少而密。

香气

云南大叶种红茶的香气不同于中、小叶种红茶，如祁门红茶有苹果香，正山小种有松烟香，四川红茶有橘子香。云南大叶种工夫红茶有独有的气息，其香气浓强，略带焦糖香或红薯香，香气高扬持久，数泡之后，鲜香依旧。在此基础上通过拼配产生的玫瑰花香，则是目前最高品质云南大叶种红茶的标志符号。而小叶种红茶所含的茶多酚、咖啡因等有效物质成分较少，制作成的红茶滋味淡薄，但香气更高扬。

滋味

云南大叶种工夫红茶的滋味浓强而醇爽，有收敛性。如同云南高原肆意奔放的生命力，带有一股野性的魅力。云南红茶有“七碗受至味”的称号，多数红茶往往三四道冲泡之后就淡了，而云南红茶七八泡仍味浓香永。

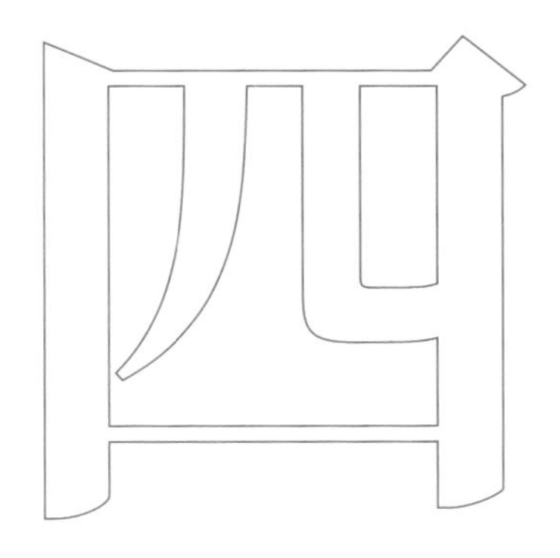

工艺：

激烈化学变化后的不同产物

THE BOOK
OF
YUN NAN
BLACK TEA

中国是茶树的原产地，也是世界上最早发现茶与饮用茶的国家，同时中国也是世界红茶的发源地。16 世纪初期，福建武夷山的茶农制作出小种红茶，随后走向了英国、法国、德国等国家；18 世纪中叶，我国在小种红茶的工艺基础上，制作出工艺精湛的工夫红茶；20 世纪 30 年代，英国人威廉·迈克尔彻发明了 CTC 机器，这种机器可以将萎凋后的茶青一次性切碎（crushing or cutting）、撕裂（tearing）和揉卷（curling），这种方法叫 CTC 制茶法；CTC 机器为红茶的加工带来了革命性的变化。

我国目前以工夫红茶为主，小种红茶数量较少，红碎茶的产销量随我国对外贸易的变化而变化。聚焦到云南红茶身上，按工艺分类，云南红茶主要有传统工夫红茶、创新型工夫红茶和红碎茶。近些年出现的晒红也是一种红茶特色产品。

适性而制才能出好红茶
——云南红茶的工艺分类

传统滇红工夫茶初制工艺

传统滇红工夫茶生产加工标准以出口为导向，产品质量体系与国际接轨，并参照国际标准制定生产加工标准样。以凤庆茶区积累的半个多世纪的红茶生产经验来看，初制是基础。红茶产品品质的提高，鲜叶是基础，萎凋是前提，揉捻是关键，“发酵”是中心，烘干是保证。简称红茶初制“把五关”。

传统滇红工夫茶的初制工艺流程：采摘→萎凋→揉捻→渥红（发酵）→干燥（设备）。

创新型滇红工夫茶初制工艺

红茶是一个比较有特色的产品。每一个地方都会根据地域特色在最基本的制作工艺上做一些变化。就云南红茶来说，近些年随着消费者对红茶需求的变化，商家也在不断更新滇红工夫茶的制作工艺。

创新型滇红工夫茶就是在名优绿茶理论基础上研发出来的，在鲜叶采摘上实行嫩采，通常采单芽或一芽一叶，揉捻、发酵等过程的加工技术也进行了较大改变，有的甚至还引进了名优绿茶的造型设备和技术。

在凤庆经营茶馆的本地人杨艳燕的印象中，近十年来，凤庆人在做茶的观念上更新换代的速度很快，“为了满足不同客户的需求，部分制茶工艺相比以往更细分，比如，在鲜叶采摘上，一些商家会使用‘长钩’采摘法来采摘古茶树的鲜叶，进而制作出的条理好看的古树红茶就取名为长钩红。除此之外，近几年云南红茶最明显的消费趋势是：野生红茶成为市场上的销售热点，很多私人订制订单中都会选择野生红茶。”

作为商家，杨艳燕觉得，只要守住传统的基础加工原则，再在此基础上做些小创新，研发出各种各样不同的云南红茶，以满足不同人的需求，那么这种形式的创新就是有价值的。

创新型滇红工夫茶的初制工艺流程：采叶→萎凋→揉捻→发酵→理条→干燥（设备）。

红碎茶制作工艺

红碎茶是云南红茶的重要组成部分。它 1940 年最早在勐海开始生产，当时的南糯山制茶厂、勐海茶厂都曾生产部分红碎茶，是将茶树鲜叶经萎凋、揉捻、切碎、发酵、烘干等工序加工而成。其中的切碎工序，当年勐海茶厂是靠牛力拉动带齿的滚筒将倒在方形木槽中的茶叶碾碎完成，南糯山制茶厂则是依靠大型揉捻机、高速动力切碎机等机械设备加工红碎茶。

红碎茶的制作工艺流程：采叶→萎凋→揉切→发酵→干燥（设备）。

根据国际市场对红碎茶的规格要求和我国生产实际情况，结合产地、茶树品种和产品质量情况，我国制定了四套加工、验收统一标准样。

第一套样：用云南省的大叶种制成的产品。注重香气的鲜爽度和汤色的明亮度。
第二套样：除云南省外的大叶种制成的产品。春茶要求外形色泽乌润，颗粒重实，嫩度好。夏茶要求滋味浓强，汤色带红。秋茶要求香气鲜爽。
第三套样：用四川、贵州、湖南、湖北和福建等省中小叶种制成的产品。注重滋味的醇和度、外形的净度和嫩度。
第四套样：用浙江、江苏、湖南等省中小叶种制成的产品。注重滋味的纯正度、外形的嫩度和净度。

上述四套样，按品质优次排列，云南大叶种红碎茶品质为全国之冠。

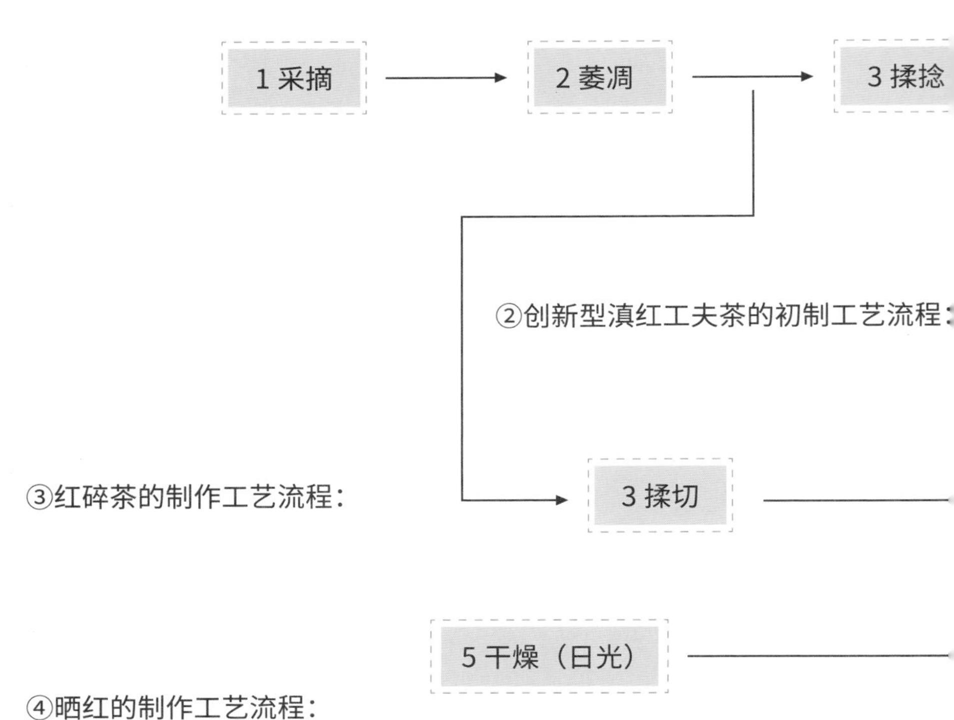
①传统滇红工夫茶的初制工艺流程：
1 采摘
2 萎凋
3 揉捻
②创新型滇红工夫茶的初制工艺流程：
③红碎茶的制作工艺流程：
3 揉切
5 干燥（日光）
④晒红的制作工艺流程：

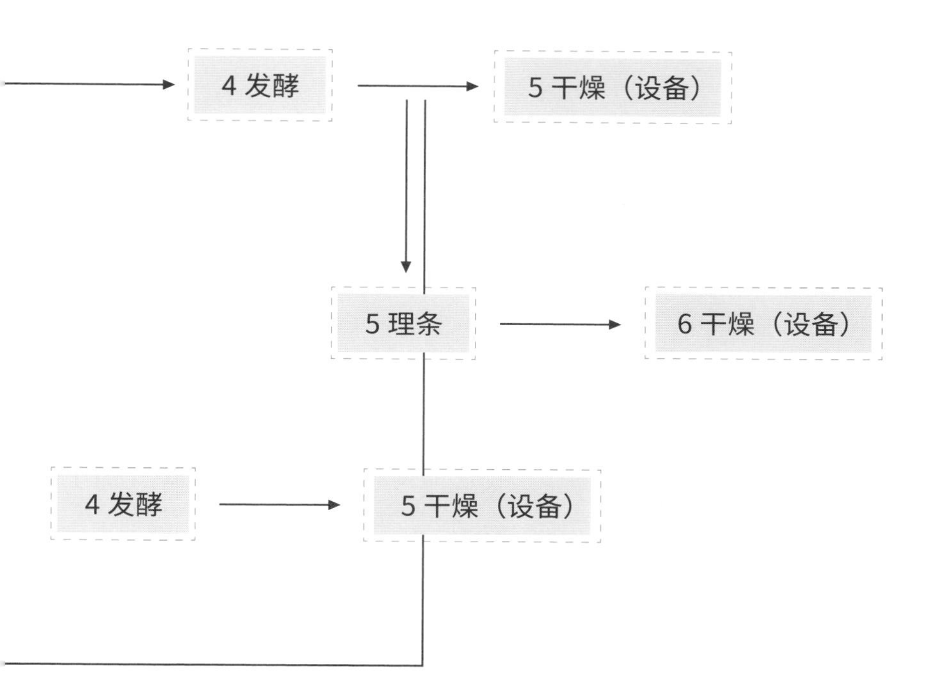
4 发酵
5 干燥（设备）
5 理条
6 干燥（设备）
4 发酵
5 干燥（设备）

从饮茶习惯上看，由于国人习惯清饮条形茶，所以红碎茶主要用于出口，销往国际市场。同时，红碎茶是国际茶叶市场的大宗产品，红碎茶通过机器加工即成国际 CTC 红茶，这种茶最适合做调味茶、冰红茶和奶茶。

晒红制作工艺

晒红，其实是中国红茶的一种古制茶法。在清代和民国时期，许多地方做红毛茶，可以烘干，也可以晒干。不管是烘干的红毛茶，还是晒干的红毛茶，精制的时候需要补火提香，最终变成烘干的红茶。

晒红不是云南独有的，而是新中国成立前中国红茶产区常见的红毛茶工艺。为什么晒红在云南保留下来，最终发扬光大呢？这是因为清朝末年开始，中国红茶学习西方现代制茶体系，而西方现代红茶没有晒干程序，于是红毛茶晒干技术被专家视为上不了台面的土法，成为落后时代的产物。

内地红茶产区进步太快，晒红这一工序好几十年前就没有做了。而在 20 世纪五六十年代，云南产区的初制所还普遍做晒干的红毛茶。做晒红要选天气。那个年代，初制所做红毛茶，一般晴天晒干，雨天用木炭烘干，然后将晒干、烘干的红毛茶拉到精制厂，拼堆后烘干，最终成为滇红成品。20 世纪 70 年代以后，初制所条件大为改善（其标志为土法的木制揉捻机、竹编烘笼，被现代化的揉捻机、烘干机所替代），晒干的红毛茶虽然做得少，但一直在做。1991 年之后，滇红出口市场疲软，为降低成本，一些初制所加大晒干红毛茶生产比例（阳光是一种免费能源）。普洱茶热起来后，一些投机分子将晒红当普洱老生茶卖。2008 年之后，滇红市场复苏，成为内销市场较受欢迎的茶类，一些人就在找滇红的新卖点（越陈越香），曾经被主流忽视与贬低的晒红重新浮出水面，成为滇红新贵。

凤庆等地的一些老滇红人对晒红是不陌生的，因为过去他们经常做，他们认为这种红茶工序不完整，是滇红的简化工艺，只能算滇红的半成品、简陋品，因为当年晒干的红茶只能算工艺简陋的毛茶，成品还要通过精制并补火烘干。

总之，关于晒红，各家有各家的看法。单从香气来评价，可以发现，由于晒红干燥时温度较低，故而以这种方法制出的红茶香气没有工夫红茶高扬，但自有一股绵长的花果香。

晒红工艺流程：采叶→萎凋→揉捻→发酵→干燥（日光）。

红茶的制作工艺流程虽然只有简单的几个字，但是想要做一款好的红茶，对每个环节都必须精准把控。

工艺名词解释

萎凋

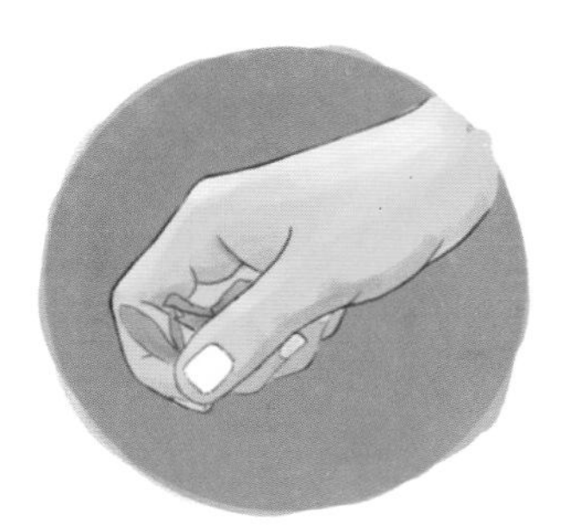
采摘

萎凋的目的：让鲜叶在一定的条件下，均匀地散失适量的水分，使细胞张力减小，叶质变软，便于揉卷成条，为揉捻创造物理条件。伴随水分的散失，叶细胞逐渐浓缩，酶的活性增强，引起内含物质发生一定程度的化学变化，为发酵创造化学条件，并使青草气散失，挥发茶香。

萎凋

萎凋是指将鲜叶摊放，经一段时间失水，使有一定硬脆度易折断的梗叶呈萎蔫凋谢柔软状的过程。在此过程中，鲜叶水分蒸发，叶细胞失去正常的生活机能，自体分解作用增强，可溶性物质增多，叶态萎缩，叶质柔软，叶色暗淡，鲜

揉捻

发酵

干燥

理条

叶香转为萎凋香。其实质是发生了一系列理化变化：物理变化，鲜叶水分减少变萎软而便于揉捻；化学变化，引起质变而形成红茶品质的基本特性。

揉捻

揉捻的目的：我们都知道红茶的加工原理是利用酶促氧化反应，使茶叶中的叶绿素氧化降解，减少儿茶素，使多酚类化合物氧化聚合，生成茶黄素、茶红素、茶褐素等有色物质，形成红叶红汤的基本品质特色。这就需要充分破坏叶细胞组织，让茶汁溢出，使叶内多酚氧化酶与空气接触，借助空气中氧的作用，促进氧化聚合作用的进行。因此，我们说“揉捻足、百病除”，可以看出充足的揉捻是滇红工夫红茶加工的最为关键的程序。由于揉出的茶汁凝于叶表，在冲泡茶叶时，可溶性物质易溶于茶汤，增进茶汤的浓度。因此，揉捻开始也是发酵作用的开端，对成茶的外形和内质的好坏均有很大的作用。

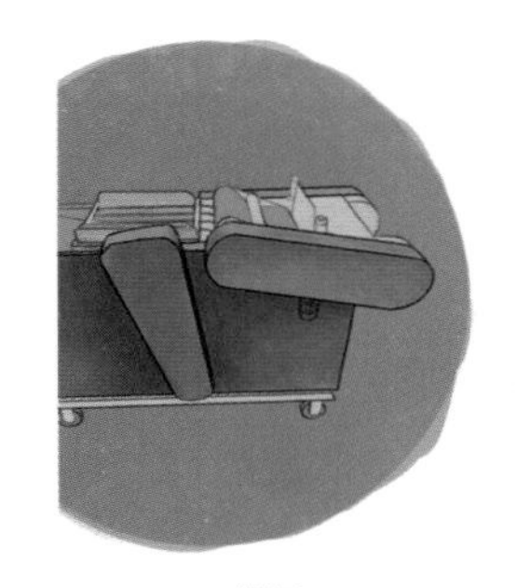

揉切

发酵

发酵是指鲜叶中的多酚类物质在加工过程中因多酚氧化酶作用而产生的一系列的氧化缩合反应，但有部分多酚类物质亦可进行非酶性氧化或自动氧化，发酵也可以包括与多酚类物质同时进行的其他成分的酶性或非酶性氧化。发酵对红茶的色、香、味的形成起着决定性作用，是绿叶变红的重要过程。

阳光干燥

干燥

干燥是应用传热介质将湿坯加热，使水分汽化并为热气流带走，其主要作用是：利用高温迅速钝化（破坏）各种酶活性，停止发酵，使发酵形成的品质固定下来；去除水分到一定程度（含水量在 5% 左右），利于成茶贮藏；去水过程使在制品塑形变化，缩小体积，固定外形；利用热化学作用发展香味，做火功，散发大部分低沸点的青草气味，激发并保留高沸点的芳香物质（不溶性碳水化合物焦糖化，形成红茶特有的蜜糖香）。

【小课堂】

云南工夫红茶与云南晒红茶有何不同?

晒红，顾名思义就是最后干燥的环节采用日光晒干而不用烘焙的红茶，称为“晒红”。传统的红茶都以高温烘焙，因此晒干红茶和以往的烘干红茶干燥方式不同，使得它们在品质上也呈现出一些差异。

相同点

云南工夫红茶与云南晒红茶都是采用云南大叶种鲜叶为原料，用工夫红茶发酵工艺发酵的红茶。

不同点

传统烘干红茶在高温下散发大部分低沸点青草气味，激化并保留高沸点芳香物质，以获得红茶特有的甜香和花果香，茶汤红而明亮，刚生产出来时，香气最香，存放久了香气就会变淡。晒红茶刚做出来时会有很明显的青草味，茶汤会偏暗，香气较为内敛不张扬，口感略带青涩，能品出独有的太阳味。因为晒干时温度低，低沸点的青草香气散不出去，闷在茶叶里，所以刚做出来的晒红都有一股青草味，经过一年左右，青草味会慢慢地散发出去。和普洱茶一样，每年的茶香和口感都不一样，晒红的香气和滋味一直在变，所以晒红茶就变成了可以存放的红茶。因为红茶在晒干的环节中，温度低，以西双版纳为例子，地面温度最高也不超过 60℃，所以晒红喝了以后不上火；对于肠胃不好又容易上火的人群来说是福音。

晒红茶近些年来成为红茶新贵，其中原因之一是市场也需要一些新的产品刺激消费者。晒红经太阳晒干或低温干燥，未失活的茶多酚等物质可以在后期转化，因此可以长期保存，其口感也会随着贮藏时间的延长而变化。

红茶的等级

红茶的等级主要是根据茶叶的外形、香气、滋味、叶底等因子，通过感官来评定（见表 5、表 6）。

GB/T 13738.1-2017 红茶 第 1 部分：红碎茶

表 5 大叶种红碎茶各规格的感官品质要求

规格	项目				
	外形	内质			
		香气	滋味	汤色	叶底
碎茶 1 号	颗粒紧实、金毫显露、匀净、色润	嫩香、强烈持久	浓强鲜爽	红艳明亮	嫩匀红亮
碎茶 2 号	颗粒紧结、重实、匀净、色润	香高持久	浓强尚鲜爽	红艳明亮	红匀明亮
碎茶 3 号	颗粒紧结、尚重实、较匀净、色润	香高	鲜爽尚浓强	红亮	红匀明亮
碎茶 4 号	颗粒尚紧结、尚匀净、尚色润	香浓	浓尚鲜	红亮	红匀亮
碎茶 5 号	颗粒尚紧、尚匀净、尚色润	香浓	浓厚尚鲜	红亮	红匀亮
片茶	片状皱褶、尚匀净、色尚润	尚高	尚浓厚	红明	红匀尚明亮
末茶	细砂粒状、较重实、较匀净、色尚润	纯正	浓强	浓红尚明	红匀

表 6 中小叶种红碎茶各规格的感官品质要求

规格	项目				
	外形	内质			
		香气	滋味	汤色	叶底
碎茶 1 号	颗粒紧实、重实、匀净、色润	香高持久	鲜爽浓厚	红亮	嫩匀红亮
碎茶 2 号	颗粒紧结、重实、匀净、色润	香高	鲜浓	红亮	尚嫩匀红亮
碎茶 3 号	颗粒较紧结、尚重实、尚匀净、色尚润	香浓	尚浓	红明	红尚亮
片茶	片状皱褶、匀齐、色尚润	纯正	平和	尚红明	尚红
末茶	细砂粒状、匀齐、色尚润	尚高	尚浓	深红尚亮	红稍暗

GB/T 13738.2-2017 红茶 第 2 部分：工夫红茶

滇红工夫茶按品质优次，分特级和一至六级，共七个级。各级成品茶的品质特征可参照表 7、表 8。

表 7 大叶种工夫红茶产品各等级的感官品质

级别	项目							
	外形				内质			
	条索	整碎	净度	色泽	香气	滋味	汤色	叶底
特级	肥壮紧结，多锋苗	匀齐	净	乌褐油润，金毫显露	甜香浓郁	鲜浓醇厚	红艳	肥嫩多芽匀明亮
一级	肥壮紧结有锋苗	较匀齐	较净	乌褐润，多金毫	甜香浓	鲜醇较浓	红尚艳	肥嫩有芽红匀亮
二级	肥壮紧实	匀整	尚净稍有嫩茎	乌褐尚润，有金毫	香浓	醇浓	红亮	柔嫩红尚亮

三级	紧实	较匀整	尚净有筋梗	乌褐，稍有毫	纯正尚浓	醇尚浓	较红亮	柔软尚红亮
四级	尚紧实	尚匀整	有梗朴	褐欠润，略有毫	纯正	尚浓	红尚亮	尚软尚红
五级	稍松	尚匀	多梗朴	棕褐稍花	尚纯	尚浓略涩	红欠亮	稍粗尚红稍暗
六级	粗松	欠匀	多梗多朴片	棕稍枯	稍粗	稍粗涩	红稍暗	粗、花杂

表8 中小叶种工夫红茶产品各等级的感官品质

级别	项目							
	外形				内质			
	条索	整碎	净度	色泽	香气	滋味	汤色	叶底
特级	细紧多锋苗	匀齐	净	乌褐油润	鲜嫩甜香	醇厚甘爽	红明亮	细嫩显芽红匀亮
一级	紧细有锋苗	较匀齐	净稍含嫩茎	乌润	嫩甜香	醇厚爽口	红亮	匀嫩有芽红亮
二级	紧细	匀整	尚净有嫩茎	乌尚润	甜香	醇和尚爽	红明	嫩匀红尚亮
三级	尚紧细	较匀整	尚净稍有筋梗	尚乌润	纯正	醇和	红尚明	尚嫩匀尚红亮
四级	尚紧	尚匀整	有梗朴	尚乌稍灰	平正	纯和	尚红	尚匀尚红
五级	稍粗	尚匀	多梗朴	棕黑稍花	稍粗	稍粗	稍红暗	稍粗硬尚红稍花
六级	较粗松	欠匀	多梗多朴片	棕稍枯	粗	较粗淡	暗红	粗硬红暗花杂

云南红茶的精制

初制茶叶难以达到商品所具有的品质水平，必须通过精制加工，才能使产品品质规范化、标准化、系列化，以保证产品品质的完整性、可靠性和商品茶具有的共同属性。因此，制成毛茶后，必须进行科学的、规范化的精制加工。精制加工是产品质量的升级，它实质上是物理的分离过程，是使茶叶具有商品属性的必要手段。

滇红茶叶的精制，是将毛茶按各级茶的品质需要进行归堆处理，按品质要求的原则，确定原料拼配比例，按所定级别技术标准进行加工。

相对于初制而言，红茶的精制是一个复杂的过程。滇红精制的工艺流程为：红毛茶→筛分→风选→拣剔→半成品→拼配匀堆→补火→圆筛撩头割脚→清风风选→成品茶包装。

精制过程耗时耗力，但这也是使红茶品质优良、滋味稳定的关键所在，在精制过程中除去了杂物，同时也将红茶按等级进行了逐一分类，使高品质茶的特征更加显著。而精制过程的拼合则是使红茶滋味稳定的关键，在红茶加工中，如果想使一款茶品的滋味稳定不变，就需要对比拼配，例如滇红集团出品的“经典 58”，其滋味稳定的奥秘就在于此。

红茶拼配：
一门品饮的艺术

“好酒靠勾兑，好茶靠拼配”

提起茶叶拼配，我们常常会联想到白酒的勾兑。刚听到“勾兑”“拼配”这种将几种物质混合在一起的词语，很多人可能会皱眉头，而且会联想到类似于“勾兑的酒都是假酒”“拼配的茶都是纯料茶玩剩下的”等等说法，但这些评价其实是对白酒和茶叶的一种误解。

我们先说何为“勾兑”。这个词来源于 1998 年山西的一桩假酒案。农民王某某用工业酒精（甲醇，带剧毒）加水勾兑成了 57 吨白酒，售出后造成 27 人死亡，200 多人中毒。至此，但凡新闻上出现“勾兑”这个词，大多是与一些不太好的事情联系在一起，所以就有一部分人认为勾兑的酒都不是好酒。当酒的勾兑转接在茶身上变为“拼配”时，很多人也因此固化地认为拼配出的茶不是好茶。

但事实并不是这样。“勾兑”是白酒酿造的一项非常重要而且必不可少的工艺，这两个字对应着两个动作：“勾”是指拿一个小勺子从（不同的）白酒坛里把酒舀出来；“兑”指加水。我们在市面上常见的白酒，几乎都是加入不同基础酒的组合和调味处理过的，这样做是为了平衡酒体，使酒的质量完美，符合品牌的传统风格，使出厂产品质量统一。

茶叶和酒一样的，不同批次的茶叶，有各自的优缺点，单款茶也许某一个特点十分突出，比如香气、韵味或者滋味有很独特的地方，但其缺点也一样显眼，比如香气高昂，但汤水色泽可能较差。将不同茶区、不同季节、不同年份的茶叶根据需求进行精准拼配，可以让它们扬长避短，各部分的茶性得到最大程度的发挥，实现优势互补。标准样就是茶叶拼配的参照物。

现今中国的六大茶类中，几乎所有量产产品都要经拼配这一过程，才能成为最终产品。要保证茶叶质量稳定，拼配技术尤为重要。一个好的、有规模的茶叶产品一定是通过拼配而成的。茶叶原料的品质和天气、雨水、温度等自然条件有关系，哪怕是同一地点、同一棵茶树、同一时间采摘的鲜茶叶，加工成茶叶后都会有所差别，只有通过科学而精致地拼配，加入档次接近、优势互补的调剂茶，才能获得品质稳定、质量上乘的成品茶。

在滇红茶传统制作技艺中，茶叶拼配是一道特殊又重要的工艺，并且是提高茶叶品质的重要环节。2014 年，“滇红茶传统制作技艺”成功入选了第四批国家级非物质文化遗产代表性项目名录，其包含初制技术、精制技术、拼配技术、质量控制、仓储技术等五个方面的传统技艺。

拼配师：口感的缔造者

日本三得利集团的总酿酒师福舆伸二，每天凌晨四点起床，不能吃大蒜，日复一日地进行闻香训练，30 年之后他才当上了三得利的总酿酒师，最终做出像“響”这样的高水准威士忌产品。

在滇红茶的生产加工中，拼配也是一个很高级的技巧。一款优秀的滇红茶的出品，离不开老师傅多年积累下的拼配经验。

“红茶拼配的目的在某种程度上来说是为了提高口感的层次和饱满度。正因如此，拼配之后的红茶相较之前会有更出色的滋味。”作为滇红茶制作技艺代表性传承人，张成仁对红茶拼配有着独特的理解。他介绍，红茶拼配也叫盘茶，是茶叶加工的一种工艺，属于一项比较难的技术，是茶叶拼配师通过感官经验和拼配技术把具有一定的共性而形质不一的产品，依据其所短、所长，或美其形，或匀其色，或提其香，或浓其味，拼合在一起的作业。而对不符合拼配要求的茶叶，则通过筛、切、扇或复火等措施，使其符合要求。

拼配是一门品饮的艺术，它需要制作者融入思想。只有最出色的茶叶拼配师才能让拼配后的红茶品质尽显其风味，成就一个个茶叶典范。

张成仁是非遗传承人，也是“经典58”“中国红”两款热销滇红茶产品的研发主力。据他介绍，这两款红茶都是大家常言的拼配茶。其中，又以“中国红”的拼配运用最为直观。

“为了突出新茶的香气，就自然想到了拼配。”张成仁介绍，“中国红”是通过对18个茶树品种鲜叶制成的红茶进行拼配而得的一款创新型滇红茶，市场评价它“既有小叶种茶高扬的香气，又不失大叶种茶醇和的风味”。

“为了找到最恰当的拼配方案，我们先是做单一茶叶品种的小样，开汤审评后，又做中样、大样。每天采三四个品种，选出香气最佳的归档在一起。然后再从它们中选出香气最和谐的几个放在一起。确定雏形的‘中国红’香味，需要不断尝试，最后对比出最合适的方案。”张成仁说。

功夫不负有心人，经过张成仁团队耗时三年研发，“中国红”终于于2010年上市销售，并得到了红茶市场的一致好评。2012年、2013年它的单品产值达3000多万元，是继“经典58”之后的又一个明星产品。

“不能轻视滇红茶制作中的拼配这一门关键技术的作用。”张成仁认为，当年的这种拼配工艺创新，是滇红茶融入现代化发展中的世界红茶大社群的一个非常好的通道。

云南红茶的塑形：
对美的不同追

红茶塑形，顾名思义就是给红茶做造型，它是在揉捻和干燥这两个环节完成的。塑形工艺还是红茶加工中最有特色的一道工艺。

为了更好地理解红茶塑形，我们可以结合食物中的造型来看。比如，有些酒楼会将传统点心变成可爱的小动物，常见的有企鹅模样的糕点、小猪样的叉烧包、小白兔般的椰子冻、鲤鱼形状的鸭血……不论厨师们的用意是要让你看了之后食欲大增，还是在脑海里留下深刻印象，总之，通过造型，他们达到了目的。

红茶也如此。不同等级的茶叶有各自独特的造型工艺，且根据不同区域的消费需求，人们又将同一等级的茶鲜叶加工为自然揉捻条形（含切细等级红茶）、针形、曲形、珠形、颗粒形。红茶塑形作用力分为压、拉、弯、扭、剪五种，其作用力能使红茶形成不同的外形。

常见的红茶外形

自然条形：使用揉捻机揉捻塑形，可使茶叶形成松泡条、紧条、紧细条。
针形：采用理条机反复运动和棍棒加压，使茶叶外形笔直、秀挺。
曲形：使用炒锅与炒手之间的反复翻炒，从不同方向压弯茶叶，使茶叶形成曲形、半球形、球形、珠形。

自然条形红茶

针形红茶

曲形红茶

颗粒形红茶

颗粒形：以绞挤、揉切、压缩综合力为主，采用揉切机对茶叶进行高强度搓揉和绞切，形成大小不一的颗粒。

就云南红茶而言，2000 年左右，随着普洱茶市场的快速发展，云南红茶市场受到很大冲击，新品研发势在必行。经过不断试验，2006 年，滇红茶制作技艺代表性传承人张成仁带领团队研制的创新型滇红茶——“经典 58”正式走入市场销售。在茶叶外形上，“经典 58”大大改进了以往出口型滇红茶对外形要求不高的不足之处，“既然是对内销售，就要及时跟上国人的审美需求，并做出调整。”张成仁说，从 1939 年滇红试制成功一直到 2006 年，大家看到的滇红都是单一的自然条形模样的红茶，而后来做出的“经典 58”这样条索呈直条形（针形）的红茶，其实是受到市场上受欢迎的名优绿茶启发，将绿茶制作中所使用的理条机应用到了滇红茶的制作中，“国人饮茶习惯清饮，讲究茶叶的完整性和美观，相对于滇红茶而言，国内的名优绿茶在外形塑造上已经走在了前列，值得红茶学习。”

在针形的“经典 58”问世并热销后，云南红茶市场受其改变茶体形状的启发，相继又研制出了曲形茶等不同外形的滇红茶，以满足市场需求。

红茶香气的形成

一杯迷人的红茶，在冲泡和饮用时总是能散发出迷人的似蜜、似果、似花、似焦糖的香气，令人心旷神怡。红茶浓郁的香气常让人怀疑是否经过了人工增香，但市面上多数原叶红茶基本都不存在这样的人工增香现象，高香本就是红茶十分突出的特点。而其中，滇红又以特有的香高味浓享誉世界。为了增加香浓味，人们还会在其他红茶中拼配一定量滇红。

香气是衡量茶叶品质优劣的重要标准之一，而鲜叶中所含芳香物质，便是形成茶叶香气的重要物质基础。目前人们已从红茶中分离出 400 余种香气成分，而绿茶只有 260 余种。无论是滇红、祁红还是川红，都有各自的香气特征，这是由香气成分比例决定的。

不同红茶的香气主要由四部分组成。

地域香

地域香是由产地环境因素的作用而使茶产生区别于其他产地的香气，产地因素包括纬度、海拔、地形、土壤、气候、生物等因素。比如山头茶，冰岛茶的香与凤庆、昔归茶的香型就不同。

以土壤肥力为例。研究表明，鲜叶中芳香物

质及基韵物质的含量与土壤肥力有很大关系。因为有相当一部分芳香物质属于含氮化合物，所以土壤中氮、磷、钾以及微量元素的含量高低，直接影响茶叶中芳香物质的合成。

测定发现，高肥力土壤中的鲜叶与贫瘠土壤中的鲜叶相比，其主要芳香物质含量要高 50%，氨基酸含量相差近一倍。而氨基酸可脱氧形成香气，并且参与许多芳香物质转化，因此是重要的香气基韵物质，凡氨基酸含量高的红茶，大都表现为香气突出。

品种香

由于茶树品种不同，其鲜叶中的芳香物质及与香气形成有关的其他成分如蛋白质、氨基酸、糖及多酚类等含量也不同。这种香味是由茶树品种的基因决定的，不同的茶树品种在同样的产地环境中，经过相同的生产工艺而制作出的茶叶，其香气也各有差异。

品种香是独特的，是区别于其他的茶品种的特质。不同树种所制的茶会有不同的香气，如大叶种红茶的花蜜香，小叶种红茶的花果香等。

季节香

即在某一时间生产的茶叶具有的特殊香气。如广东英德在 9 月中旬至 10 月上旬生产的高档红碎茶香气新鲜高锐。这种“特别”而有时期性的香气，俗称“季节香”。

工艺香

同一品种的茶青按照六大茶类的加工工艺分别可以制成绿茶、黄茶、红茶、黑茶、白茶和乌龙茶，显然这六种茶的香气是不同的，这就是工艺香的最简单体现。

而红茶制造中芳香物质的变化十分复杂，通常鲜叶中的芳香物质不到 100 种，但制成红茶后，香气成分可增加到 400 多种。

红茶加工经萎凋、发酵等工序，许多香气前体物质发生相应的转化而产生很多新的香气成分，如醇类的氧化、氨基酸和胡萝卜素的降解、有机酸和醇的酯化、亚麻酸的氧化降解、己烯醇的异构化、糖的热转化等等都会导致许多新的香气物质的产生。

如在萎凋、干燥环节中，鲜叶中的芳香物质经酶促氧化作用、异构化作用和水解作用，大量转化或挥发，同时经过干燥过程生成部分高沸点花香和果香型芳香物质，茶叶香气由青草气转变为清香和花香。

如果在鲜叶萎凋前，采用超声波加湿器管理鲜叶，能增加干茶中醇类、醛类、吲哚类等芳香物质 15% ～ 20%，对于提高红茶香气有显著的促进作用。若鲜叶在萎凋前摊放 1 小时左右，让青草气充分散发，会形成清香。采用这种自然萎凋方法制成的红茶，糖香尤为突出。

又如在红茶干燥快结束时，用 150℃高温快烘 1 分钟左右，能充分促进香气挥发，制成的红茶甜香，并蕴含玫瑰香。

我们喝红茶时常听说的“焦糖香”，其实是茶叶在干燥（烘焙）过程中，过高的温度使茶叶中部分可溶性糖发生焦糖化作用和羰氨反应，氨基酸被破坏，从而出现了类似焦糖的味道。

如果在干燥（烘焙）环节中温度适中，一般不会出现焦糖香，多呈现花香、蜜香、甜香。

虽说品种、季节、地域等会影响茶叶内芳香物质的生成和转化，但红茶香气基本上是在加工中形成的，萎凋、发酵、干燥等工序是影响香气形成的关键工序，所以掌握好这三道工序是制作高香红茶的基础。

为了更好地理解，我们以吉普号的三款经典滇红茶为例。这三款茶都来自凤庆产区，原料也都选用了凤庆大叶种群体种（老品种），只不过它们制作时选用的鲜叶嫩度不同、加工方式略有差异，所以，制成的红茶香味也不一样。

工夫·1939（特级工夫）

这款滇红茶采用一芽一叶或一芽两叶茶鲜叶为原料，经过传统的采摘、萎凋、揉捻、发酵、干燥 5 个环节加工。制成的滇红茶口感醇厚、顺滑，蜜香味突出，饮后口腔中留香持久。

吉普号三款经典滇红茶

红茶茶汤

传奇·1958（一级松针）

在原料等级大体不变的情况下，“传奇 ·1958”一改滇红茶自 1939 以来在外形上的自然弯曲形态，呈现出直条状。在发酵工艺环节，比“工夫 ·1939”的发酵时间更短；这种“发酵短”体现在滋味上则突出了滇红的甜香和花果香气，但也延续了传统滇红茶的厚滑口感，细嗅装盛茶汤的杯壁还能闻到浓浓的蜜香。

皇室·1986（小金芽）

这款滇红茶采用的原料是等级更高的单芽茶鲜叶。制成的红茶，外观金黄显毫，冲泡后，蜜香浓郁，入口滋味十分鲜爽，满口毫香。

总的来说，影响红茶香气的因素是多元的、复杂的，需要综合来看。

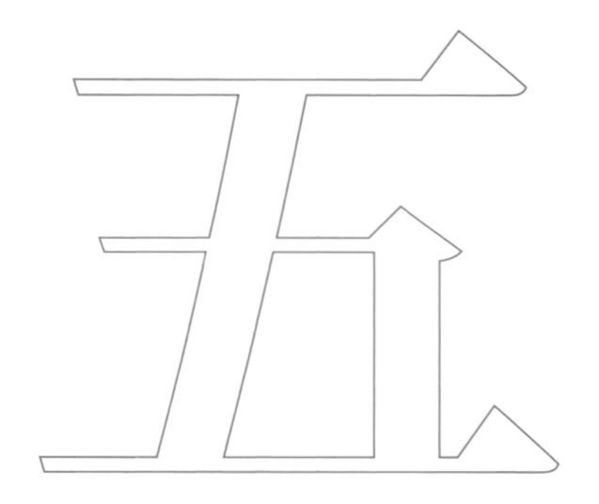

红茶的挑选与购买

THE BOOK
OF
YUN NAN
BLACK TEA

也许你有过这样的经历:
第一次踏入红茶店,
乍见琳琅满目数百种茶叶在眼前一字排开,
那种晕头转向的慌张感让你无所适从。

别担心，想在无限广博辽阔的红茶世界里,
迅速寻找到一款能与自己的脾性相契相投的茶叶,
其实并不难。

中国红茶还是外国红茶?

虽说中国红茶与外国红茶一树同根，但发展至今已经形成了两种完全不同的体系和茶文化。所以，如果你是从咖啡馆、写字楼和商务中心接触并喜欢上红茶的，那么，可以由西式红茶入手；如果你周围都是喜欢中式红茶的茶友，而且你对中国传统的茶文化又特别感兴趣，那就从工夫或者小种红茶入手吧。对其中一种地域的红茶有了比较深入的了解后，如果有兴趣，可以再逐渐去接触另一类别。

首先，要找到自己喜欢的口味。无论中国红茶还是外国红茶，品类和档次实在是太丰富了，要想找到和自己口味相契合的茶款，还真不是一件容易的事情。所以对于初入手者来说，如果不太明确自己更喜欢哪种红茶，可以先找来两三种比对品饮一下。如可以选用等级、价位差不多的滇红和闽红比较，因为大叶种的滇红和小叶种的闽红，在香气、滋味、汤色等方面，各有特色和所长，品饮后比较容易找到自己口感的偏好。然后再根据自己喜欢的类别，进一步进行尝试。外国红茶也可以以此方式选择，譬如选择大吉岭和斯里兰卡（锡兰）红茶品饮比较。

拼配还是纯料？

实际上，我们在大型超市和百货商店里看到的各种各样的红茶大都是拼配茶。拼配茶一定程度上保留了红茶原有的品质，且商品化的拼配红茶是经过专家研究而制作出来的，这种红茶不管何时品尝风味都不会有太大变化。

为了更好地理解红茶拼配，我们可以参考咖啡的调配。喝咖啡的人都知道咖啡有“风格”和“口味”的分别，所谓风格可以是各种豆子混合的比例，比如说“哥伦比亚调配”，就一定放了哥伦比亚咖啡豆在里面，只是有放得多还是放得少的差别。当然还有各家各派的“私家调配”，但也只有资深饮家才品得出其中乾坤。

红茶拼配也如此。红茶有三大要素：口感、香气和汤色。无论哪个要素不足，红茶的品质都会受到影响。拼配就是为了使茶品三者兼备。味道淡的红茶里混合进有刺激性的红茶，汤色浅的红茶里混进汤色深的红茶，在茶叶里混进具有个性香气的红茶来凸显茶的香气。通过拼配，既不用扔掉茶叶，又可以从某种程度上保证红茶的品质和持续性的商品供给，从而维持价格的稳定。

季节重要吗?

印度、中国、斯里兰卡等地的红茶因为季风或者气候的变化而受到影响，每年同一时期的红茶的品质都不一样。

制成的红茶有多新鲜，比是哪个时期制成的更重要。以滇红（云南红茶）来说，滇红工夫茶品质具有季节性和地区性的差异，一般春茶比夏、秋茶好。春茶外形肥硕厚实、色泽乌润，香高味爽；夏茶正值雨季，芽叶生长快，节间长，质地稍显硬杂，味道浓强；秋茶正处干凉季节，茶叶生长转慢，成茶身骨稍轻，嫩度也随之下降。

口粮茶看适口度

如果你是刚刚喜欢上喝红茶，想在家中或者公司里饮用，那么可以去著名的老字号茶店或茶品牌专卖店、连锁店，挑选自己比较喜欢的产地、口味，以及价位可以接受的红茶。

如果你在国内红茶中选择入门级口粮茶，包容性比较强的滇红是一个不错的选择。“‘滇红’以它特有的香高味浓而著称于世，以它独特的形美色艳驰名中外……”中国著名红茶专家、机制茶之父、“滇红”创始人冯绍裘在《滇红史略》中这样描述。实际也确实如此。

挑选红茶时，较常见的挑选方式是闻香，从中寻找出喜欢的茶。有的茶专卖店会提供少数几种茶的免费试饮，或是另设茶座让人坐下来付费饮用，这都能帮助你找出个人偏好的茶款。

如果购买外国红茶，则可以到超市的进口食品饮料专柜，根据口感和产地、品牌，以及早上喝还是下午喝等因素，综合比较，进行选择。

办公茶看标准

商务用茶，细节决定成败。一杯得当的接待茶，能让客户感到尊重和愉悦，不仅营造了一个良好的交谈氛围，也展现了公司的文化底蕴。它不像平常饮茶讲究品茶论道，而是得有一个标准，具体可以从“用安全茶、规范用具、满足个体差异、成本可量化”这四个关键点来考量选什么样的商务用茶。

礼品茶看目的

如果想把红茶作为礼品馈赠朋友、客户，那就要首先了解对方是否喜欢喝红茶，喜欢哪种类型的红茶，是小种茶还是工夫茶，抑或外国红茶；是比较喜欢清饮，还是调饮。如果不了解这些细节，可以根据对方的身份、与自己的亲疏关系、自己的预算等，选择相对应的品牌、档次、价位的红茶。如果是自己比较喜欢和熟悉的红茶，则可以在赠送时尽量说明茶品的特色，让对方能够领会你的用心。

如何判断红茶品质的优劣？

茶的特征不仅仅是制茶过程决定的，还取决于茶叶的大小和茶叶在茶树上的生长位置。虽然不能根据等级标识来鉴定红茶品质的好坏，但可以据此大概做出预判。红茶固有的色、香、味，根据当时用哪片叶子制作而有所不同，越是高品质的茶叶就越多地用最上面的嫩叶，而越是低品质的茶叶则越多地用下面的老叶。而且，一般情况下，越小的芽叶制作的红茶价格越高。高等级红茶的小芽叶都是手工采的，低等级的大多是机器采的。

同时，通过品饮来直接鉴定红茶品质好坏也很重要。试饮时，以下几个方面要特别留意。

合格的红茶

干茶：条索大小长度比较一致，比较有光泽，色泽比较统一，条索整齐不破碎；干茶具有清香。

汤色：明亮、有光泽、清澈、透亮。

香气：清新宜人。

滋味：不论浓淡都比较纯正。

高品质红茶

红茶的香气以蜜香为好，在蜜香型的红茶里面，又以“锐”香为上品；所谓的“锐”，是指香气很鲜灵、有穿透力，即我们说的“沁人心脾”的穿透感，“蜜香带锐”的红茶就是好红茶。

从颜色上看，所有高品质的红茶，一定要有油光的感觉，我们叫“乌润”。乌就是黑，就是汁液多，润就是有光泽，黑又亮的红茶是好红茶。

云南大叶种茶树，生长在高海拔的山间，茶多酚含量比小叶种茶树高近三分之一，茶黄素、茶红素也更多。上好的云南红茶，橙红透亮，在白色杯壁上最易显现金圈。我们在选购时，不必太过于追求全芽制作；含芽带金毫，香气甜醇馥郁，滋味浓厚饱满的，就是好茶。云南采茶可至初冬，以春茶品质最优。

而像野生红茶这些特殊产品，带有自然甜醇的山野气息，受到很多北方和广东人的喜爱。如果你向一些深耕茶山的人找寻红茶最好的滋味，他们或许会告诉你，做工自然、味道自然的红茶才是最好喝的。

有问题的红茶

红茶怕什么呢？红茶怕“枯”，所谓的枯，就是汁液少、不油润。另外，红茶怕发酵不透。所谓发酵不透，就是芽头带“黄白（色）”，“工夫红茶显白毫”是一个毛病。

干茶：大小不一，颜色比较花，有破碎；有青气或其他气味。
汤色：暗深色，有浑浊感，不通透。
香气：有霉味、陈味或其他不舒服的味道。
滋味：酸涩、苦干等，久不化开，喝了嘴里不舒服。

总的来说，红茶宜“蜜香带锐”“乌润”，忌“枯”“黄白”“酸”。品饮红茶也像其他茶一样，既可以清饮，也可以在里面加糖加奶，或加入其他东西调饮。

红茶是一款非常浪漫的茶，希望你能够喜欢。

如何找到自己喜欢的口味?

国内红茶

云南

云南红茶： 云南红茶简称“滇红”， 属大叶种类型的工夫红茶，是中国工夫红茶的新奇葩，产于云南省南部与西南部的临沧、保山、凤庆、西双版纳、德宏等地。以外形肥硕紧实、金毫显露和香高味浓的品质独树一帜。

★吉红 · 传奇 · 1958

品牌：JEE-PUER/ 吉普号

等级：凤庆大叶种工夫红茶 · 一级松针

吉普号（包装）

吉普号（干茶）

吉普号（茶汤）

茶汤入口甜润顺滑、醇厚，且带有淡淡甜香、蜜香；汤色橙黄、透亮，有“金圈”。或许是凤庆大叶种的品种优势体现，茶汤浸出较快，耐泡度也很好。可以使用马克杯直接投茶冲泡，这样简单、直接泡出的滇红茶滋味更加醇厚，且颜色红浓明亮。

福建

福建位于我国东南沿海，东隔台湾海峡与台湾省相望，是我国的主要产茶省份，制茶历史悠久。茶叶种类更是涵盖了乌龙茶、红茶、白茶等三十多种茶类。从红茶来看，福建主要有金骏眉、银骏眉、正山小种、工夫红茶、闽红工夫等红茶。其中，正山小种是世界上最早的红茶，至今已经有 400 多年的历史。

★正山堂 · 金骏眉红茶

品牌：正山堂

等级：特级

从外形上看，这款茶条索紧秀、重实、色润，金、黄、黑相间。出汤后可见汤色金黄，清澈有“金圈”；出水后的香味类似果、蜜、花等综合香型。入口甘甜润滑，滋味鲜活清爽。

正山堂(包装)

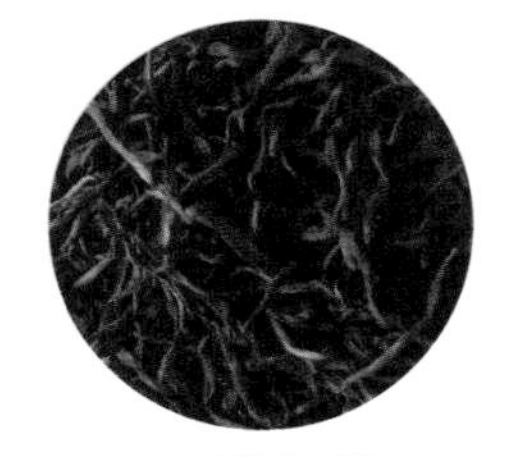
正山堂(干茶)

正山堂(茶汤)

★元正 · 皇家红茶

品牌：元正

等级：特级

烟小种红茶，色泽黑而润，身骨重实。冲泡后有浓郁的干果香味，汤色红艳通透。口感层次鲜明，又很醇滑。茶叶经过松木烘焙后，烟松香十足，桂圆汤味浓。

元正（包装）

元正（干茶）

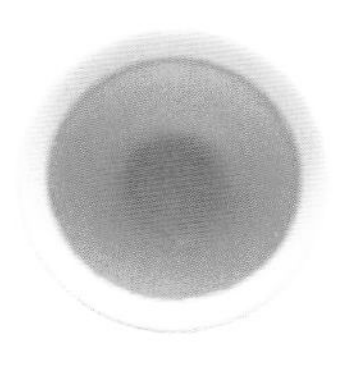
元正（茶汤）

安徽

安徽的祁门红茶为世界四大高香红茶之一、中国十大名茶之一，常简称“祁红”。祁红产区，自然条件优越，山地林木多，温暖湿润，土层深厚，雨量充沛，常有云雾缭绕，且日照时间较短，形成茶树生长的天然佳境，酿成“祁红”有特殊的芳香厚味。

★祁门工夫红茶 “云境”

品牌：祥源茶

等级：特级

细碎紧密的干茶裹挟着一股甜柔的香气。注入热水，茶叶上下翻动间，淡雅的花果香味扑面而来。茶汤橙红通透，入口后，甜蜜的滋味充盈口腔，非常适合日常品饮。

祁门工夫红茶
“云境”（包装）

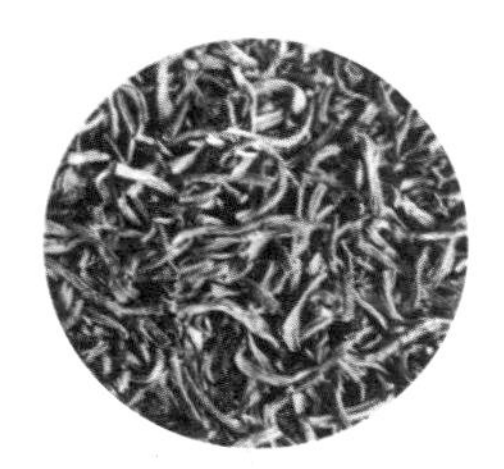
祁门工夫红茶
“云境”（干茶）

祁门工夫红茶
“云境”（茶汤）

广东

英德红茶产于广东省英德市的英山，这里在 19 世纪前半叶就是红茶的产地。茶区峰峦起伏，江水萦绕，喀斯特地形地貌，构成了洞邃水丰的自然环境。英德红茶品质优异，除了其产地具有优越的自然环境外，还与选用适制红茶的云南大叶种为主体，搭配凤凰水仙和成功推广高香、优质大叶红茶新品种有关。

★英德红茶

品牌：阅茶博山

等级：一级

这款英红九号红茶与滇红茶一样，同属大叶种红茶，干茶香气淡雅清爽，多毫毛，冲泡后，滋味浓强鲜爽，花果香气明显。不论是热饮还是冷泡，都很适宜。

英德红茶（包装）

英德红茶（干茶）

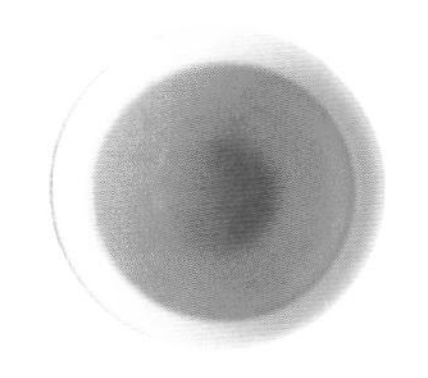

英德红茶（茶汤）

四川

四川较为有名的红茶是川红工夫茶，它产于川南宜宾地区，这里茶园地势高，茶树发芽早，比川西茶区早 39 ～ 40 天，采摘期又长 40 ～ 60 天，全年采摘期在 210 天以上。宜宾地区所产川红，出口时间早，每年 4 月即可进入国际市场，以早、新取胜。

★川红红茶

品牌：NANFANGYEJIA TEA/ 南方叶嘉

等级：特级

干茶条索紧致，细嫩，显金毫。冲泡后，茶汤香气清新，不浓烈，入口鲜爽回甘，似提鲜的“味精”，层次丰富，有春天的气息。在入夏燥热的下午，清饮一杯，感觉浑身都通透了。

川红（包装）

川红（干茶）

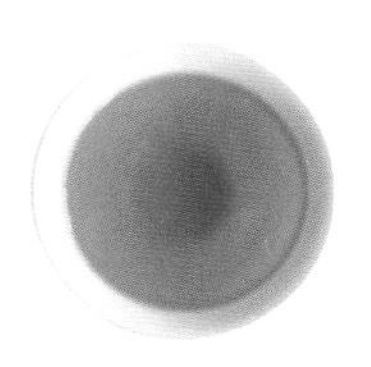
川红（茶汤）

湖南

历史上的湖南红茶曾经一度辉煌。20 世纪 50 年代，安化、平江、桃源、新化、涟源、石门等县相继建立国营红茶精制厂，加工工夫红茶最高年产量逾 10 万担。20 世纪末，国家取消红茶出口补贴，湖南茶叶生产全面“红转绿”，湖南红茶淡出市场。如今的“红茶热”，让湖南工夫红茶也迎来了复兴良机。

★安化红茶

品牌：安化县毛君寨茶业有限公司

等级：特级

历史上的湖南红茶——“湖红”就始于安化。这款野生红茶制成的干茶几乎没有毫毛，茶体偏黑亮，自带一股山野自然气息。冲泡出水，花果香浓郁，滋味也非常鲜爽。

安化红茶（包装）

安化红茶（干茶）

安化红茶（茶汤）

总的来说，想要找到自己喜欢的红茶口味，还是得多喝多了解。

国外红茶

红茶原产中国，是世界上被饮用最多的一种茶类。17 世纪荷兰商人在欧洲掀起一股饮茶风潮，18 世纪红茶替代绿茶成为欧洲最受欢迎的茶。自此，红茶文化繁荣，也更多带上了异域特色。

目前，世界上主要的红茶产地有印度、斯里兰卡、中国等地，我们选取了几款有异域芬芳的红茶进行品鉴。

印度

印度拥有许多世界主要茶叶产区，其中，最著名的就是大吉岭（Darjeeling）和阿萨姆（Assam）。阿萨姆是世界上最重要的红茶产地之一，印度茶叶的 80% 产自阿萨姆地区。而大吉岭则是世界上最好的红茶产地之一，占印度红茶总产量的 2%。

大吉岭

大吉岭红茶世界闻名，被很多人认为是最好的，因此被称为“红茶中的香槟”。顶尖的大吉岭茶价位非常高，一方面是因为其上乘的质量，另一方面是因为其采摘期非常严格。

★大吉岭红茶

品牌：Dilmah / 迪尔玛

等级：袋泡茶

这是一款产自喜马拉雅山麓的高海拔红茶。茶汤呈深橘黄色，透亮；口感清爽，带有淡淡的葡萄麝香风味，苦涩感较轻，回甘较好，很适合下午茶时搭配三明治和蛋糕饮用。

大吉岭（包装）

大吉岭（茶汤）

阿萨姆

阿萨姆茶被认为是印度的原产茶，它生长在印度的东北部，这里也是世界上最大的产茶地区。阿萨姆茶传统上一般配牛奶用作早餐茶，它也是拼配爱尔兰或英式早餐茶标准原材料的基础茶。阿萨姆红茶以6—7月采摘鲜叶制作的品质最优，但10—11月产的秋茶较香。

★阿萨姆红茶

品牌：Dilmah / 迪尔玛

等级：袋泡茶

这是一款产自印度的低海拔红茶。茶汤麦芽香馥郁，余香甘醇，入口非常软糯，细细品尝还有一丝奶香味。整体给人一种清新温和的感觉，任何时候都可饮用。

阿萨姆茶（包装）

阿萨姆茶（茶汤）

斯里兰卡

斯里兰卡的旧称是锡兰（Ceylon），从很早开始锡兰就成了红茶的代名词，所以现在也称斯里兰卡红茶为锡兰红茶。锡兰红茶生产量继印度居世界第二，出口量世界第一。它是茶味、香气和汤色都很协调、均衡的红茶类型。

锡兰红茶产地根据海拔加以区分。0 ～ 600 m 区间是低山茶，600 ～ 1200 m 是中地茶，1200 ～ 1800 m 是高山茶。高品质红茶生长于高海拔地区。

斯里兰卡红茶

1200 ～ 1800 m 高山茶：具有细腻的茶味、清爽的涩味、高雅的茶香、透明的汤色的高品质红茶。

努沃勒埃利耶

位于斯里兰卡中南部的努沃勒埃利耶白天气温 20℃～ 25℃，早晚气温 5℃～ 14℃，因其清爽凉快被英国人开发为度假村。同时，它也是斯里兰卡海拔最高（1800 m）的高山茶的产地。

★努沃勒埃利耶产区红茶（高山茶）

品牌：Mlesna / 曼斯纳

等级：（不详）纯努沃勒埃利耶红茶

甜甜的柑橘香里透着淡雅新鲜的青草香，整体始终平和，色、香、味都较淡，口感接近绿茶，是一款适合清饮或是制作冰红茶的茶品。

努沃勒埃利耶红茶（包装）

努沃勒埃利耶红茶（干茶）

努沃勒埃利耶红茶（茶汤）

汀布拉

斯里兰卡茶园的开发始于 1857 年，在因咖啡锈病荒废的咖啡农场栽培茶树生产红茶。比起努沃勒埃利耶、乌沃，汀布拉茶园开发较晚，但也早已成为斯里兰卡五大红茶产地之一。

★汀布拉产区红茶（高山茶）

品牌：Mlesna / 曼斯纳

等级：PEKOE（白毫，指完整的茶叶）

汤色鲜红，口感清新柔和，带有一点点烟味和果味，很爽口，涩味较少，适合清饮和日常饮用，总体协调性较好。

汀布拉红茶（包装）

汀布拉红茶（干茶）

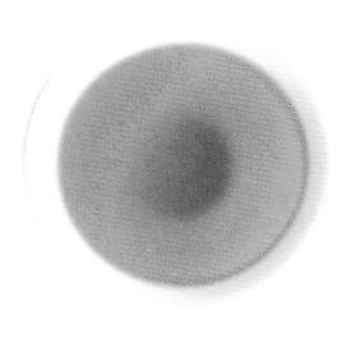
汀布拉红茶（茶汤）

乌沃

乌沃红茶、阿萨姆红茶、大吉岭红茶和祁门红茶并称世界四大高香红茶。乌沃具有符合英国人喜好的强烈涩味和深浓汤色，做成奶茶有颇高人气。斯里兰卡大部分茶叶都是像乌沃红茶一样采用传统制茶法制成的。

★乌沃产区红茶（高山茶）

品牌：Mlesna / 曼斯纳

等级：BOP（指较细碎的“OP”， OP 指茶枝最顶起第二片叶子）

茶汤橙红明亮，有淡淡薄荷香，入口清爽且带有刺激的涩味。轻发酵的滋味和高扬的茶香是这款茶的独特之处，适宜与鲜奶调配制作奶茶。

乌沃红茶（包装）

乌沃红茶（干茶）

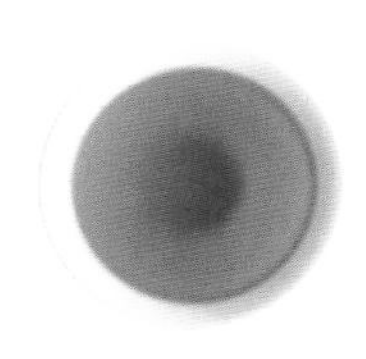
乌沃红茶（茶汤）

600 ～ 1200 m 中地茶：具有锡兰红茶独有的隐隐的香气，涩味较浅，是爽口的典型红茶。

康提

康提位于斯里兰卡中央地带，海拔 600 ～ 1300 m，是除了卢哈纳外最低的地区，受季风影响较小，一年之间气候基本无变化。红茶生产量和品质都很稳定。

斯里兰卡最早的红茶生产地就是康提。有“锡兰红茶之父”之称的詹姆斯·泰勒在这里始建茶园。

★康提产区红茶（中地茶）

品牌：Mlesna / 曼斯纳

等级：FBOP（碎橙白毫，含有较多芽叶的红茶，是短小的条形茶）

茶味涩度较低，果香突出，滋味醇和，似我们日常喝的奶茶里的红茶味道，是大家能够接受的茶味，冷热冲泡都很合适，可以说是万用红茶。

康提红茶（包装）

康提红茶（干茶）

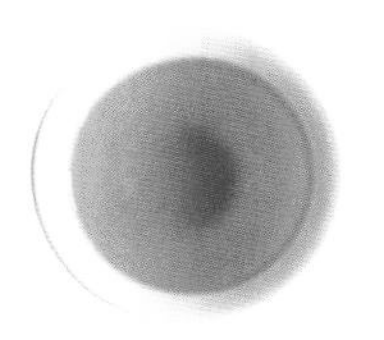
康提红茶（茶汤）

0 ～ 600 m 低山茶：香气较弱，汤色较深，多用于制作拼配茶。

卢哈纳

卢哈纳红茶生产于热带雨林高温多湿气候的斯里兰卡最南端，海拔 200 ～ 400 m 的斯里兰卡最低地区萨伯勒格穆沃省（Sabaragamuwa）。那里气温很高，因此茶叶比高原地带生长出的茶叶大很多。17 世纪中叶，锡兰岛分为三个国家。后来南部的卢哈纳在葡萄牙和荷兰的殖民统治下出现咖啡农场。咖啡农场衰败后变成茶园。现在卢哈纳这个地名已经不存在了，但作为红茶的名字，卢哈纳还一直存在着。

★卢哈纳产区红茶（低山茶）

品牌：Mlesna / 曼斯纳

等级：PEKOE（白毫，指完整的茶叶）

带有明显的烟草香味，但茶汤温和，带有淡淡奶香和蔗糖香气与韵味，适合制作调和茶、冰红茶、奶茶，也可以直接清饮。

卢哈纳红茶（包装）

卢哈纳红茶（干茶）

卢哈纳红茶（茶汤）

尼泊尔

一个半世纪前，尼泊尔前首相 Jung Bahadur Rana 带回了第一粒茶叶种子，由于地理气候适宜，人文气息相应，茶产业有了赖以蓬勃发展的基础，茶文化也继而在该地区迅速风靡，东部地区很快宣布成立 Jhapa、Ilam、Panchthar、Terhathum、Dhankuta 5 个茶叶产区；雾谷、库瓦帕尼等茶园相继出现。1999 年第四届亚洲国际茶叶大会上，尼泊尔被正式列入世界茶叶生产国之一。至此，尼泊尔红茶以其独特的茶品被世界认可。

尼泊尔的茶园主要集中在喜马拉雅山的南麓，这里气候温暖，降水丰沛，海拔高，土壤肥沃，地理环境与印度大吉岭地区十分接近。另外，因为这里的茶树品种大多从印度引进，尼泊尔红茶在风格上和大吉岭很相近。

★加都红茶

品牌：Kathmandu Eyes

等级：SFTGFOP1（最高等级红茶）

干茶条索比较紧致细小，颜色为浅棕褐色，嗅干茶有热巧克力的甜香。开水注入，茶汤的香气从热巧克力的香甜变成红茶中常见的花果香，十分迷人。

加都红茶（包装）

加都红茶（干茶）

加都红茶（茶汤）

总体而言，国外红茶以作为奶茶基底或调香型居多，味道较国内红茶更浓厚强烈。如果制作奶茶，CTC 红茶是不会出错的选择。

为什么滇红是最容易入门的茶叶?

什么是“入门”？从学习的角度解释的话，它是指学习能进入门径，找到了求知的入口；如果从产品等级划分上看，它指的是普适性较高的产品，例如你使用的耳机，就分为“入门级”“发烧级”等等。喝茶也一样，刚开始饮茶的人也需要从最基础的部分开始学习，从最能够接受的那款（类）茶开始喝起，一步步品鉴、进阶，从对比中找到最适合自己的那款（类）茶。

为什么建议初入门红茶的茶友先从滇红开始品鉴学习呢？首先，从价格上看，入门级产品价格适中，操作难度不大，消费者的接受程度也普遍较高。我们从红茶类产品价格对比中可以看出，与金骏眉、正山小种等红茶相比，滇红的价格相对要低一些。

以金骏眉为例，它属于红茶中正山小种的分支，原料必须是人工采摘的芽头，全程手工制作，《元正金骏眉——中国名茶》一书中说：“生产一公斤金骏眉茶叶，需要 15 万个芽头，一个熟练女工，一天只能采 2000 个左右，需要 75 个采茶女工同时采摘一天。”金骏眉的人工、时间成本高昂，而且一年只采一次，再加上产区的限制，让金骏眉无法大量生产，售卖价格当然也就不会便宜。因此，对于红茶初入门者来说，金骏眉也许是只能远观与仰望的“女神”，只有等到对红茶品尝鉴赏能力达到一定境界后，才能在品饮的时候领会到其中的独特韵味。即使有财力，也建议您少安毋躁，平复好奇心，先打好基本功再品尝也不迟。

相比而言，滇红就不一样了。作为入门茶来说，它相对容易挑选，包容性强，品质稳定，价格也亲民；且滇红在口感上表现出的醇厚感更强，这是大叶种茶明显的特点，其适口度高；高品质的滇红会散发出标志性的蜜糖香气，并伴有甜甜的花果香；色泽橘红透明，煞是浓醇诱人。不论是从口感、色泽、香气，还是从包容性上看，作为红茶入门茶来说，滇红都有很大优势。

那么，为什么滇红的价格会相对实惠呢？我们从制造工具上看，以凤庆地区为例，这一地区很早就普及了机械制茶，从滇红创制时间 1939 年算起，迄今已经有 80 多年，当地制茶工艺已然非常成熟，几乎家家户户都有制茶机器，能够进行大规模生产，这样一来既可缩减制茶成本，也能缩短制茶时间，进而将市场售价控制在一定范围内。

所以，我们喝红茶不妨先从滇红喝起。

看懂红茶包装上的重要信息

喝了这么多红茶，你是否留意过茶叶包装上地名、原料和连成长串的字母信息所代表的意思呢？

有人说，普通人喝茶看包装，内行人喝茶看山头、看产区。其实，不管是普通人还是内行人，首先要喝健康茶、安全茶。那么如何判断这款茶健不健康、安不安全？选购时，我们要注意哪些基本信息呢？或许你可以从茶叶外包装上窥探一二。下面我们就通过举例，让你一次就看懂红茶包装上的重要信息，让选购不再盲目。

SC 认证

SC是“生产”的汉语拼音字母缩写，与QS“质量标准”一样是生产许可证。

它是食品生产加工企业必须具备的生产资质，如果企业没有这个证，则说明它是无证生产，那么这款茶的质量也就无从追踪了。所以，在选购红茶时，第一步要看这款茶有没有 SC 认证标识。

生产日期（制造日期）

这是食品成为最终产品的日期，也包括包装或灌装日期，即将食品装入（灌入）包装物或容器中，形成最终销售单元的日期。食品成为“最终产品”或“最终销售单元”的日期是什么意思呢？打个比方，2018 年底采摘制作成的红茶散茶，储存到 2019 年才进行商品化包装，这个时候就会印制上 2019 年的生产日期，成为“最终产品”上架销售。包装上可能也会注明“原料日期：2018 年”这样的信息。

保质期

一般情况下，红茶在 36 个月内饮用最佳。虽然在茶叶品种里有很多茶叶种类是具有收藏价值的，如陈年普洱茶等，但是大多数红茶并不具有收藏价值，不管你的保存方法是否得当，要想品味到味道甘醇的红茶，还得在保质期内喝完。

产区

红茶的性质是由产地决定的。能产出高品质茶叶的独特气候条件、茶树品种和制茶工艺，共同作用成就了世界级红茶。产区不同，自然口味也各不相同，通过产区标识，我们能够初步判断这款茶的香气、口感和风味。比如，产地在凤庆的红茶多蜜香浓郁，口感醇厚，而产地在福建的红茶多半花果香味更突出。

级别

在红茶分级上，中国与国外的侧重不同。国内红茶分级采用的是自行颁布的标准，且不同产地的红茶，因产品的差异，甚至还有自己的特殊规定。总体来说，我国的等级划分综合了从外到内的指标。而国外则是以原料叶的采摘部位及成茶外在的条形大小为综合标准。当然，我国红碎茶因为要适应出口需求，颁布的标准样是可以与国外相对应的。

总的来说，国内红茶包装上的信息量相对比较简洁，我们在选购时需要特别注意的是等级、产品配料、产地等。国外红茶包装上的信息相对就比较复杂了，确定品牌后，还要看产地、等级，以及更详细的产区、庄园、年份，有的甚至还有茶料及口感等描述信息。

家庭如何存放红茶?

不同于保鲜要求极高的绿茶、乌龙茶，一般情况下，家庭储藏的红茶、白茶、普洱茶等，只需按照包装上说明的贮存条件去做就能够满足基本需求了。通常，我们在存放时需要注意以下几个问题:

茶叶怕高温、强光，所以不能放在高温和有阳光直射的地方。

茶叶存放应该避开比较潮湿的环境，存放时应注意保持空气流通。

茶叶极易吸收味道，不能与味道较浓烈或特殊的鲜花、食品、樟脑等放在一起。

存茶场景

存放容器

纸箱

对于家庭个人储藏红茶而言，用纸箱是性价比最高且最实用的一种方法。但存放时得注意纸箱本身是否有异味，如有异味最好先放置一段时间，让异味散去后再存放茶叶。存放时要先将红茶的包装密封。

金属罐

可选用铁罐、不锈钢罐或质地密实的锡罐存放，如果是新买的罐子，或原先存放过其他物品留有味道的罐子，可先在罐内放少量茶，盖上盖子，上下左右摇晃轻擦罐壁后倒弃，以达到去除异味的效果。

紫砂、紫陶茶缸或陶瓷坛罐

陶瓷坛罐是比较传统的装茶、存茶容器，它能够有效避免茶叶受潮，还可以隔绝空气，避免与空气发生氧化反应，一直为茶人们沿用。茶叶放置好后，务必将罐子封口，避免茶味消散。且不能与其他类茶混放。

塑料袋、铝箔袋、纸袋

用塑料袋、铝箔袋、纸袋存茶是最常见、最常用的方式。选购时，最好是选有封口且为装食品用的袋子，材料厚、密度高的更好，不要用有异味或者再制品。

总的来说，红茶应该存放在阴凉干燥、不受阳光直射、无异味处，密封保存。存放时，还要注意与其他类茶分开存放。另外，需要提醒的是，一般情况下红茶在 36 个月内饮用最佳，日常采买红茶切记不要贪多，购买足够饮用的分量就好。

【小课堂】

红茶能不能“越陈越香”？

比起绿茶，作为全发酵茶的红茶往往拥有更长的保质期，通常为 2 ～ 3 年。只要把红茶放置于密封干燥、阴凉避光的地方，就能保持其品质滋味不发生大的变化。

随着市场对普洱茶“越陈越香”概念的推崇，也有很多人开始提“陈年红茶”，认为红茶可以随着储存时间延长而使茶味变得更加醇厚。

一篇 2012 年对 6 年陈祁红的研究文章表明，陈年祁门红茶外形变化不大，条索紧细，色泽乌润；香气和滋味有较强酸味，祁红特有的甜香不甚明显；汤色橙红、亮；叶底棕红尚亮，柔软度稍差，综合感官品质明显下降。主要原因是长期储存导致茶叶中的酯型儿茶素被降解转化为非酯型儿茶素，茶汤收敛性降低；茶黄素、茶红素被氧化形成大量不利于红茶品质的茶褐素。

另一篇文章中比较了滇红茶第 1、第 3、第 5 年在同一地点贮藏后成分的变化，结果表明，随着贮藏时间的增加，贮藏 5 年后的滇红比当年的茶黄素含量减少 58.82%，茶红素含量从 0. 57% 增加到 1. 45% ；茶褐素含量从 2. 97% 增加到 4. 07% 。

除此以外，红茶中的咖啡因、没食子酸、EGCG（表没食子儿茶素没食子酸酯）和ECG（表儿茶素没食子酸酯）含量均降低了。

可以看出，在长时间的存放过程中，红茶各内含物质发生氧化、分解与转化使茶叶品质下降，多数红茶并不适宜长期存放，建议及时饮用。

但也有一个例外，那便是云南晒红。晒红与其他红茶最大的区别在干燥这一环节，晒红通过日光晒干，因其没有经历高温干燥，茶青内酶的活性部分仍有保留，使其后期变化不仅仅是氧化反应，也包括一系列同普洱晒青生茶类似的有微生物参与的氧化、聚合、分解反应，因此有一定后续转化的空间，甚至可以认为晒红突破了红茶的保质期，在一定期限内可以越陈越香。

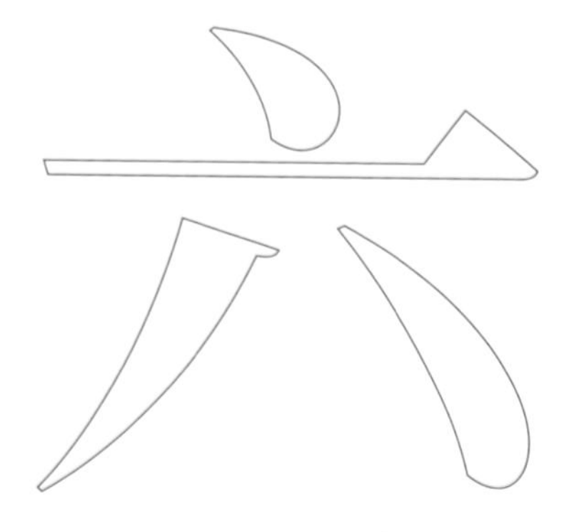

红茶的时尚生活方式

THE BOOK
OF
YUN NAN
BLACK TEA

英式下午茶的发展

1662 年，葡萄牙公主凯瑟琳嫁给英国国王查理二世，其陪嫁中有中国的茶具和 221 磅红茶。她在品尝茶汤时，为了调整茶汤的苦涩滋味，在茶里加入了当时价格昂贵的砂糖，从此引发了英国上流社会对下午茶的钟爱，茶也成为结交朋友和身份的象征，同时也开启了英国上流社会的饮茶风潮。

18 世纪初期，英国许多咖啡馆开始售卖茶叶饮品，由于滋味甜醇，饮红茶逐渐成为社会大众的习惯。英国社会早期的许多咖啡馆都限制女性进入，因此，女性只能选择在家庭品茶，也正是这一原因，女性成为最大的茶叶消费群体。

19 世纪时，英国的殖民地——印度开始产茶，这让原本价格高昂的茶

英式杯具

叶不再遥不可及，喝茶也慢慢普及到普通人的生活中。当时的维多利亚女王更是喜欢在公开场合举行茶会招待贵宾，她的这一举动自然也使得众多女性争相效仿，将下午茶的生活方式推上了一个新的高潮。

到 20 世纪初期，茶室在英国社会中十分流行，茶舞会也一度在英国社会中风靡，这一时期英国茶文化不仅覆盖了更加广泛的社会层面，也具有了更加丰富的发展。即便到现在，下午茶仍旧是英国社会文化中重要的组成部分，许多社会大众仍然坚守着这种生活方式，并能够做到早茶、上午茶、下午茶、晚餐茶，一茶不落，饮茶已经成为他们生活中难以割舍的重要内容。

发展至今，下午茶已经不再是上层社会的专享，普通百姓也能享用精美的茶具、芬芳的茶味、可口的糕点，给味蕾带来前所未有的体验。随着社会的发展，下午茶也不再是英国独有，作为茶叶发源地的亚洲也出现了很多英式下午茶的网红店。

无论是传统的英式下午茶还是经过创新的下午茶，其主角都是红茶，无论加糖加奶还是清饮，都说明红茶滋味具有包容性。一杯甜蜜的红茶茶汤引领了英式饮茶文化。

袋泡茶的发展

关于袋泡茶的诞生，至今尚未见正式的文字记载，但目前有一种说法流传得比较广泛：1908 年，美国纽约的进口商苏里万为了扩大销售，用一种小丝袋装上茶叶作为样品寄给买主。有一位买主收到样品后偶然疏忽，连丝袋一道放入杯中浸泡，结果茶出人意料地好喝。而后许多客户认为茶叶装在小丝袋里泡饮很方便，订货商纷至沓来。然而交货后，客户又大失所望，因为茶叶依然是散装的，并没有他们想要的那种方便的小丝袋，无不抱怨苏里万违约。苏万里从这件事得到启示，不久就改用薄纱布替代丝绸制成的小袋，加工成一种新颖别致的小袋装茶叶，很受经销人和消费者欢迎，世界上首批袋泡茶就这样问世了。

在国内，上海茶叶进出口公司于 1964 年开始生产袋泡茶，还建立了袋泡茶和小包装茶专门加工厂——第三茶厂；之后，广东等地茶叶进出口公司和不少茶叶生产厂家相继建立了各自的袋泡茶生产基地。1992—1993 年，立顿红茶自南而北风行全国，由此掀起中国的袋泡茶热潮，年轻人都以喝立顿为时髦，一时大小店家、宾馆饭店都用“立顿红茶”。国内也如雨后春笋般冒出了许多袋泡茶厂家，袋泡茶包装机、茶叶滤纸十分走俏。但后来，国内出现了袋泡茶内放置低劣廉价茶品的现象，袋泡茶又逐渐被市场淘汰。近几年，随着生活节奏的加快，人们追求便捷的生活方式，袋泡茶又重新回到人们的生活里。京东投资的因味茶、小米旗下的平仄等一些针对年轻人的茶叶品牌大都采用了袋泡茶形式。

【小课堂】

袋泡茶里的茶原料都是等级最低的残次品吗?

严格来说，袋泡茶强调的是一种茶的包装方式，与茶的优劣无关。在它刚诞生的一段时期里，还曾经是欧美流行风尚，一些袋泡茶被视为高端奢侈的享受。在今天，世界各国依然有很多高品质的袋泡茶品牌和产品，比如TWG、Tea Forte、Dilmah等。

消费环境的不同，也必然带来观念上的差别。从完整性上来说，中国向来有把食物分解处理过后拼成原形的做法，比如：使鱼块还原成鱼，令猪肉块复原成猪，好让食客一目了然，知道自己正在吃的是什么，并且赞叹厨师的鬼斧神工。流风所及，连食家也以此为尚：谁能把一只吃得干干净净的大闸蟹凑回螃蟹原有的模样，谁就是真正的食蟹专家。

在对原形的追求上，中国人对饮茶的讲究也不输于食物。比如，我们对名优红茶的一个基本要求就是要条形完整。很多老茶客在品完茶后，甚至还有“赏叶底”这一环节。

所以，大家往往对袋泡茶的味道嗤之以鼻，因为确实有糟糕的情况存在，少部分不良商家用劣质的、过期的、变质的甚至茶渣粉碎来做成袋泡茶，重新销售获取利益。虽然这样制出的茶足够便宜，但味道也很糟。

在国内袋泡茶之所以屡屡招黑，主要有以下几个方面原因。

碎茶原料

碎茶不一定就是劣质茶。在国外优质的碎茶产品很多，价格也不菲。常见的碎茶等级有FBOP（flowery broken orange pekoe，即花碎橙黄白毫，是将大量新芽的茶叶切碎后形成的碎茶）、BOP（broken orange pekoe，即碎橙黄白毫，是将大约是1 cm左右、仅次于新芽的茶叶切碎后形成的碎茶）等，其中不少都是非常优质的茶产品。现在不少茶包品牌的原料采用CTC碎茶，将采摘的鲜叶通过机械压碎、撕碎、揉捻等加工过程，一次性出成品茶。一个简单的逻辑，好茶叶的碎茶和差茶叶的原叶茶，你觉得哪个会更好呢？所以，我们应关注的是茶叶好坏，而不是茶叶整碎。

茶包材质参差不齐

目前有绵纸、无纺布、棉布、尼龙布、玉米纤维布等各种不同的茶包材质。许多消费者担心这些材料是不是符合食品级别的安全需求。也有一些相对廉价的茶包原料屡屡爆出问题，让一些消费者对袋泡茶失去了信任。实际上，如果是按照严格规范生产，应该说大多数茶包还是安全的。

品饮习惯

中式茶往往是可以多次冲泡的。尤其是乌龙茶、普洱茶，有一些茶第一泡的汤色滋味香气还不是最佳，不可能冲泡一遍就倒掉。而袋泡茶这样的“一次性产品”，并不符合中国人的品饮习惯，让我们从心理上就觉得袋泡茶不是什么好茶。

随着消费者要求越来越高、越来越多样，新的袋泡茶被推出来了。2005 年，几大袋泡茶厂家决心推出高端产品——原叶袋泡茶，也就是含完整茶叶的袋泡茶，这种袋泡茶呈金字塔状，半透明，茶包材质的孔径也大于以前的那种，可以看见里面的茶叶。厂家采用的也是比较好的茶叶，这样的袋泡茶原料好、风味好，喝起来方便。

总而言之，袋泡茶里的茶原料并不一定是等级低的残次品，要想买到有品质保障的袋泡茶，最好是选择有品牌、可信赖的商家。

如何泡好一杯红茶?

红茶是适应性很强的茶类，很多没有喝茶习惯的人喝红茶也不会说它不好喝，它有着众人都能接受的口感。除此之外，红茶在冲泡上也有很强的适应性，无论是清饮还是调饮，都会让人觉得好喝，不会产生不适感。

水温选择

在红茶冲泡过程中，水温是影响红茶滋味的重要因素之一。原则上，在冲泡茶叶时，高温出高香是一个基本规律。因此，对于传统工艺、品质优秀的红茶，建议用沸水进行冲泡，并且不建议洗茶。对于一些新工艺的红茶，水温过高会导致茶汤出现酸味，水温过低不利于激发红茶的香气，冲泡红茶所用的水温一般为 80℃～ 95℃之间，一些比较细嫩的红茶应选用 80℃～ 85℃的水温；一些一芽二叶或者单芽的大叶种红茶可以选 85℃～ 90℃的水温；比较粗老一些则可以选 90℃～ 95℃的水温。

清饮泡法

盖碗

盖碗是茶叶冲泡里面最常见的器具之一，在红茶冲泡里也较为常见。

冲泡方法

①洁具：用热水清洗茶具，使其温度升高利于激发茶香。

②置茶：将称量好的茶叶置入盖碗中。

③润茶：沿杯壁注水，然后快速出汤倒掉茶水润洗茶叶。

④泡茶：再次沿杯壁注水冲泡茶叶，快速出汤至公道杯中即可。

洁具倒水

倒茶　　润茶　　泡茶　　茶汤

玻璃茶壶

洁具　投茶

注水　分茶

玻璃茶壶的冲泡常见于家庭饮茶中，玻璃茶壶有带内胆的和不带内胆的，在选用时可以根据实际情况进行选择。

冲泡方法

①洁具：用热水清洗茶具，使其温度升高利于激发茶香。

②置茶：将称量好的茶叶置入内胆。

③加水进行冲泡，2 至 3 分钟后取出内胆即可饮用。

飘逸杯

飘逸杯清洗

加茶　飘逸杯泡茶

飘逸杯冲泡简单便捷，常见于家庭饮用或者办公室饮用，可以多人分享饮用也可以独饮。

冲泡方法

①洁具：用热水清洗飘逸杯。

②置茶：将称量好的茶叶放入飘逸杯内胆。

③冲泡：加水进行冲泡，2 至 3 分钟后按压飘逸杯阀门即可饮用，建议茶水比为 1:50。

茶水分离杯

茶水分离杯适合外出游玩携带，跟以往的茶杯不同的是将茶叶置于杯的上部，冲泡起来更加便捷。

冲泡方法

①在茶仓盖中加入适量红茶后盖上盖子。

②向杯内注水，然后将茶仓旋入杯身，确保拧紧。

③倒置茶杯，浸泡茶叶。

④ 2 分钟左右，取下茶仓即可饮用杯中的茶汤。

放茶　　注水

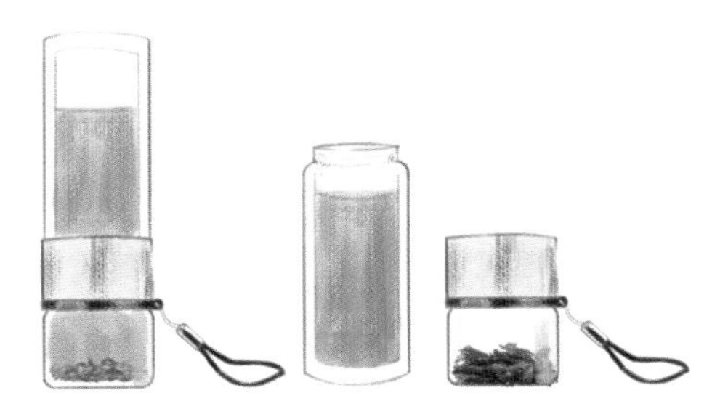

浸泡茶叶　　取下茶仓

玻璃杯

玻璃杯是最为普遍常见的冲泡器具，其冲泡简单便捷，适用于各大茶类，在使用玻璃杯冲泡时需要注意投茶量，玻璃杯不具备茶水分离的功能，投茶量过多会导致茶汤浓度过高，从而影响滋味口感。

冲泡方法

根据玻璃杯容积称取适量茶叶，将茶叶投入玻璃杯中，加入热水冲泡，等茶汤颜色渐渐变深即可饮用。

冷泡法

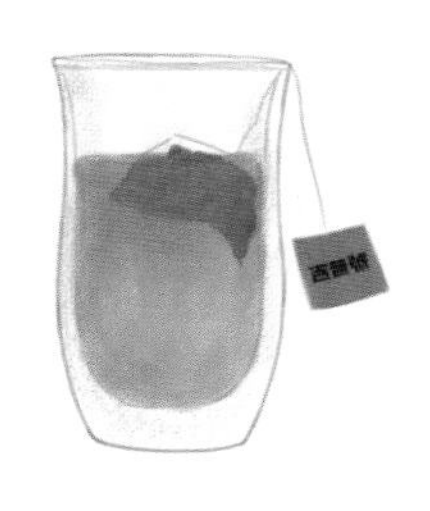

除了热泡之外，冷泡红茶也别有一番滋味，很适合夏天饮用。冷泡方式也很简单，只需准备矿泉水或冷开水若干，选择自己喜欢的带盖玻璃瓶，置入茶后，静置 30 分钟即可饮用。当然，也可以将它轻微摇晃，然后放进冰箱冷藏 10 小时左右，体验更佳。

调饮泡法

调饮泡法是指在红茶里加奶加花草茶等进行调配，使其滋味更加多样化。红茶滋味的包容性很强，所以很多调饮茶里面都可以看见红茶的身影。

奶茶

奶茶是红茶最常见的调饮形式，红茶滋味浓强鲜爽，与奶进行调饮，有很好的协调性，同时也使奶茶成为受众人喜爱的饮品。

制作方法

①冲泡或者熬煮红茶：称取适量的茶叶，进行闷泡或者熬煮 3 分钟左右。

②倒出茶汤：将冲泡好的红茶过滤倒入杯中或者壶中。

③加糖加奶：按照个人喜好在茶汤中加入鲜奶和糖，也可以加淡奶和炼乳，淡奶比较丝滑，很多港式奶茶选用的便是淡奶。

柠檬红茶

柠檬红茶也是常见的调味红茶之一，柠檬红茶有着柠檬的青酸爽口，也有红茶的醇厚甘甜，热饮果香怡人，加冰冷饮酸甜清爽。

热饮制作方法

①冲泡红茶：称取适量茶叶，冲泡3分钟左右，茶水比为1:100。

②榨柠檬汁：将柠檬对半切开，采用柠檬榨汁器压出柠檬汁。

③倒出茶汤：将泡好的红茶过滤倒入杯中。

④切柠檬片：另取一个柠檬，选择中间部分，切两至三片柠檬片备用。

⑤加柠檬汁：在过滤好的茶汤中加入柠檬汁和糖浆，搅拌均匀后加入柠檬片。

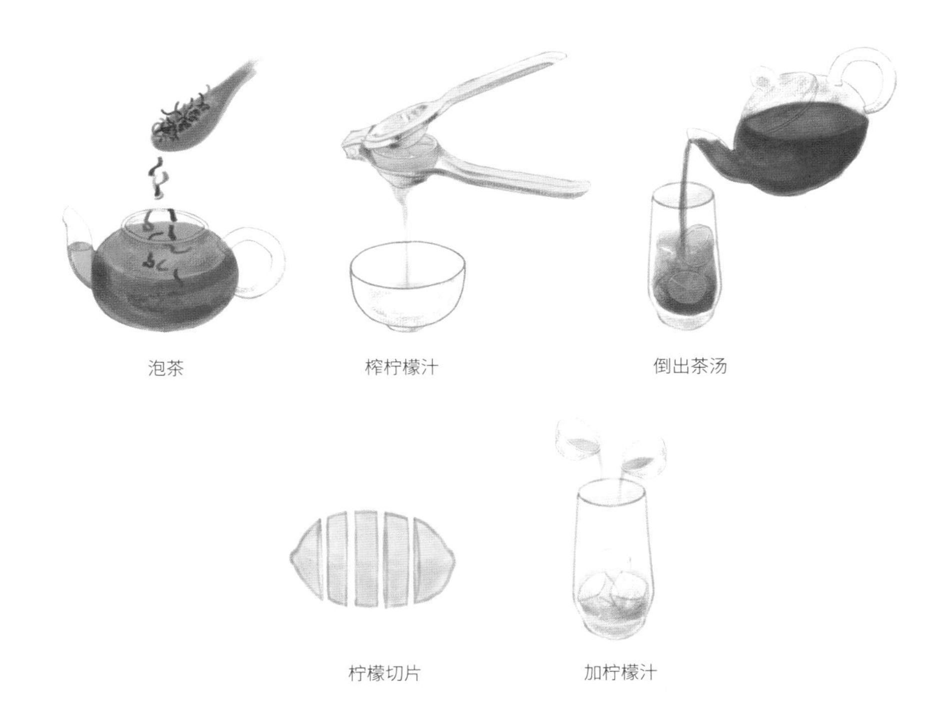

泡茶　榨柠檬汁　倒出茶汤

柠檬切片　加柠檬汁

冷饮制作方法

①冲泡红茶：称取适量茶叶，冲泡3分钟左右，茶水比为1:50。

②榨柠檬汁：将柠檬对半切开，采用柠檬榨汁器压出柠檬汁。

③加冰块：在准备好的玻璃杯中加入适量冰块。

④切柠檬片：另取一个柠檬，选择中间部分，切两至三片柠檬片备用。

⑤加柠檬汁：在冰块中加入适量柠檬汁和糖浆。

⑥倒出茶汤：将茶汤过滤倒入玻璃杯中，搅拌均匀后加入柠檬片。

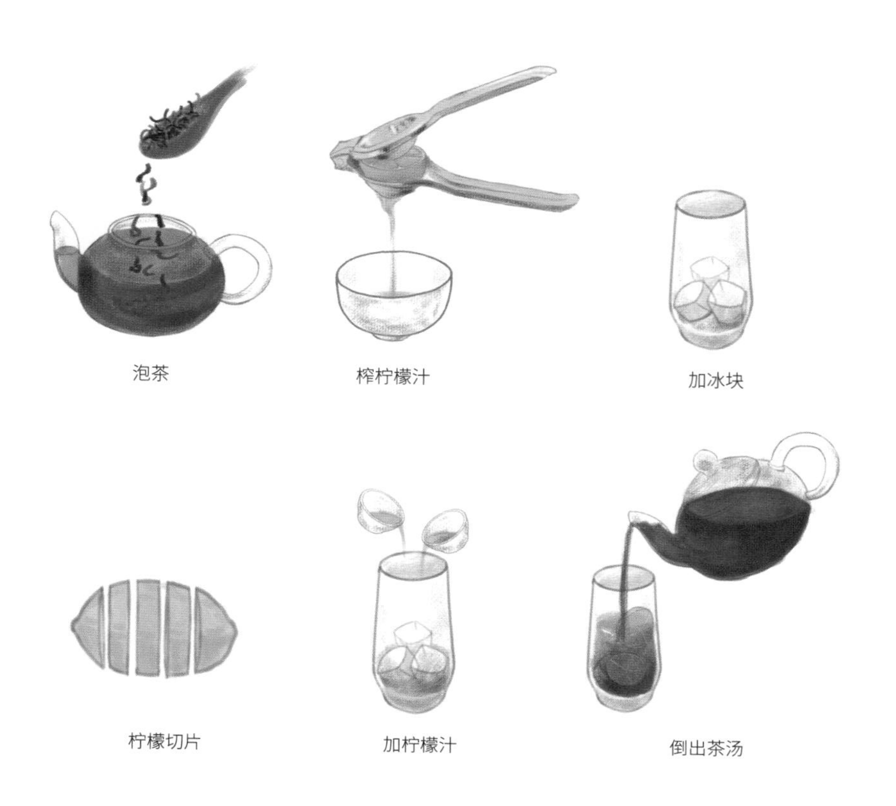

泡茶　榨柠檬汁　加冰块

柠檬切片　加柠檬汁　倒出茶汤

玫瑰红茶

玫瑰红茶是一种拼配的调饮红茶，是很常见的红茶拼配茶品，玫瑰花香馥郁和红茶的清甜醇和，形成了别具一格的风味。

制作方法

①称取适量红茶放入杯中。

②加入玫瑰花，建议花茶比为 1:2。

③加热水冲泡，出汤即可饮用。

放茶

加花

冲泡出汤

云南红茶的品饮要领

云南红茶的品鉴包括对其外形、香气、汤色、滋味的品鉴。云南红茶大都采用云南大叶种鲜叶加工制成，因此其香气滋味方面也会带有浓郁的地域特征。

外形

红茶的外形标志着一款红茶的制作工艺是否规范，精制过程是否细致。不同等级的滇红茶其外形的特征也有所差异。

特级滇红茶：条索紧直肥嫩，苗锋秀丽完整，金毫特别显著，色泽乌黑油润。

一级滇红茶：条索紧直肥嫩，有苗锋，金毫特多，色泽乌润。

二级滇红茶：条索肥壮紧实，尚有苗锋，色泽尚乌润，金毫较多。

三级滇红茶：条索肥壮紧实，尚有苗锋，色泽尚乌润，金毫多。

三级以下滇红茶多以叶为主，苗锋较少，金毫不明显，就不再赘述。对于红茶的外形来说，匀度、净度是一款茶外形的基本评审标准，匀度要求干茶条索大小粗细基本一致，这也是精制环节的重要作用，净度要求干茶不含杂质，不出现杂叶。

香气

香气分为干茶香和冲泡后的茶汤香，两者综合后方可评定这款茶的香气。不同的原料和拼配方式会带来不同的香气，这也是云南红茶的魅力之一。云南红茶中最常见的香气有花果香、蜜香、焦糖香、番薯香、清香等。

花香

花香是红茶中最常见的香型，大多因品种不同、工艺不同而产生不同的香气，常见的有兰花香、蜜兰香等。

果香

果香是茶叶中散发出各种类似水果的香气，如桂圆香、蜜桃香、雪梨香等，在云南红茶里最常见的果香为苹果香。

花果香

花果香兼具花香、果香，其稳定性比花香要强，需轻发酵到一定程度才会出现。

蜜香

蜜香为云南红茶里最常见的香型。在红茶发酵过程中，完成了以茶多酚酶促氧化为中心的化学反应，其中大部分的糖元素转化成了单糖，从而产生了蜜糖般的甜香味道，就是我们常见的“蜜香”。

焦糖香

焦糖香是一种类似烤面包、烤饼干等烘烤食品里产生的甜香，烘干充足或火功高可使香气带有饴糖香。在红茶里出现焦糖香则意味着其经过了高温烘烤。

番薯香

俗称地瓜香，是一种类似烤红薯的香气。薯香的形成，多受地域和树种影响，滇红的番薯香比较明显。

火香

火香一般出现于干燥之后火味尚未褪去的红茶中，所以红茶干燥后需要存放适当时间再品饮。该香型包括米糕香、高火香、老火香和锅巴香。

甜香

甜香包括清甜香、甜花香、枣香、桂圆干香、蜜糖香等。鲜叶嫩度在一芽二、三叶左右制成的工夫红茶有此典型香气。

毫香

尚在枝头的鲜叶，茶毫具有保护和分泌功能，其基部有能产生芳香物质的腺细胞。同时茶叶里面的谷氨酸本身具有微酸味，天冬氨酸、丝氨酸和丙氨酸有烘烤的柔和麦焦香，粗纤维微带木质味，它们混合起来的香型就成了毫香的一个重要来源。单芽或者一芽一叶的鲜叶，制作成金毫显露的干茶，冲泡时有典型的毫香。

清香

香气清纯、柔和持久。香虽不高但散发缓慢，令人有愉悦之感，是嫩采现制红茶具有的香气。

青草气

青草气是一种类似青草的气味，常见于萎凋和发酵程度偏轻的红茶，在标准的红茶品鉴里属于不好的气味，但随着人们对于红茶香气滋味要求的改变，也有一些红茶要求轻发酵，以保留青草气，常见于发酵程度低的云南红茶。

汤色

云南红茶的汤色要求以红艳明亮为主，一些单芽制成的红茶汤色则金黄明亮。品质好的红茶茶汤应该色泽明亮，茶汤中无杂质。

滋味

云南红茶滋味的评定，简单来说，就是指一款茶是否好喝，在喝的过程中是否出现愉悦感。好的红茶必定是滋味醇和干净、喝后舒适的，在红茶的滋味描述中，浓、滑、润、甜、纯最为常见。

浓度

浓度常常会与厚度混淆，但在红茶里，浓度是一个重要的指标。传统红茶的品质特征为“浓、强、鲜、爽”，而“浓”便是指浓度。浓度表现为滋味丰富饱满，包裹整个口腔但不会出现化不开的不适感。

滑度

滑度指的是红茶的“柔和感”，类似喝米汤一样的感觉。滑度也和茶汤的厚度有关，茶汤越醇厚，相应的滑度也会越明显。茶汤进入口腔稍停片刻，通过喉咙流向胃部，喝后会觉得很舒服，适口度佳；而品质不好的茶汤就会有“锁喉”之感。

润度

润度对于红茶来说是必需的，优质的红茶品饮后给人感觉是温润如玉、如沐春风的。冲泡了三四泡后的茶汤，入口后嘴巴不干不燥，口腔中呈现一种湿润的感觉，咽下后整个肚子是温暖舒适的，这就是红茶的润度体现。

甜度

甜度是品鉴红茶最简单、最直观的一个方面，也是红茶的标志滋味特征，在工艺环节没有出现特别大失误的红茶，其滋味的第一感受便是甜的，好的红茶在茶汤还未入口时就能闻到甜香。此外，茶汤入口后与舌面接触能很快感受到甜度，并且会在口腔里蔓延开来，绵长持久。

纯度

纯度是判断红茶工艺精湛与否的重要指标，在精制环节是否卫生、方法是否正确、储存环境是否理想等都可以从茶汤的纯度来考量。纯度好的茶汤喝起来是非常干净舒服的，不会有任何异杂味。如果喝起来有异味，说明在制作的过程中卫生条件不达标，或者是精制环节中没有将杂物剔除。

厚度

厚是指茶汤入口后的一种黏稠感，厚度和茶汤浓度并不相同，厚度与红茶质地有关，茶汤中溶于水中物质成分较多时，在口感上就会感觉比较浓厚稠密。

叶底

云南红茶多为大叶种鲜叶制成，因此叶底的特征之一便是叶片肥大，在采摘过程中多以一芽二叶为主，因此，工艺上没有硬伤的红茶叶底应该是叶片完整的一芽二叶。如果叶片不完整，则说明是揉捻过度导致叶片破损，或者是萎凋时长不够导致揉捻叶片折断。传统的红茶叶底颜色应为红锈色有光泽，如果夹杂有绿色或者青色，则说明红茶发酵程度偏轻。

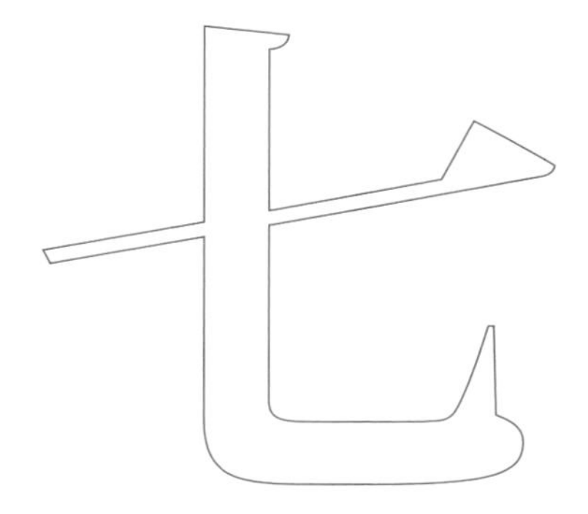

如何喝出健康？

云南红茶

THE BOOK OF YUN NAN BLACK TEA

喝红茶会上火吗?

作为一种全发酵的茶，很多人认为红茶会带有较重的火气，饮用后容易导致人体上火。其实不然，红茶很温和。

中医认为茶分为寒性、中性、温性和热性。例如，绿茶属于寒性，适合夏天喝，用于消暑，而红茶是经萎凋、揉捻、发酵、干燥等一系列工艺过程精制而成的茶，是温性茶，不寒不燥，很温和。

但新制出来的红茶，由于火气没有消（许多红茶干燥温度毛火高达120℃，足火高达 100℃。这样的高温一定程度上会使制得的茶叶茶性燥热），茶性还处于活跃状态，茶叶内的一些物质还没有充分转化，所以入口偏苦涩、火味重，对于身体不适、长期劳累加班且易上火的人群来说，这时候喝红茶，的确有可能“火上浇油”，容易上火。

另外，红茶的高温制作过程除了干燥，还包括高温提香，从而产生高火香。在一定程度上，也会导致红茶茶性偏热。相对高温高火的热性红茶来说，也有火气相对较低的红茶，比如，滇红的烘干温度多为60℃左右，新茶相较于一些用高温干燥的红茶来说火气较低，品饮后不会出现明显的燥感，当然也不容易导致上火。

大多数情况下，红茶在制作完成的初期，火气都会相对较重，但通过一段时间的存放（适当的存储条件下），可以降低火气。

总的来说，喝红茶一般是不会上火的，除非本身体质燥热。相反，体质虚寒的人应该常喝红茶，喝红茶可以祛湿，让气血畅通起来。

红茶的保健功效

饮茶有益，是人人都知道的，茶的保健作用与茶叶中的有效成分分不开。红茶作为一种氧化程度很高的茶，饮用对人体也有一定益处。除了所有茶类都含有的茶多酚、咖啡因、茶氨酸等共同的有效成分外，红茶还富含一些其他茶类所没有或较少的有效成分，如茶黄素、茶红素和黄酮，它们是红茶保健功效的重要功臣。这其中，茶黄素又是最重要的功能性成分，因具有高效的抗氧化、抗菌、抗病毒、抗炎症、抗肿瘤、抗心血管疾病等药理活性而备受人们的青睐，堪称茶中的“软黄金”。

抗氧化与清除自由基

红茶常被当作一种美容饮品受到女性喜爱，这背后的原理与红茶抗氧化与清除自由基的功能分不开。

什么是自由基？从化学角度来看，自由基是具有一个不配对电子的原子和原子团的总称。自由基性质活泼，易于失去电子（氧化）或者获得电子（还原），会从别的氧分子那里“偷盗”一个电子，致使别的氧分子遭到破坏，引发脂质过氧化。长此以往，等到遭破坏的氧分子达到一定数量，就会引起衰老、皱纹等。可以说，自由基是青春的天敌，抗衰老就是与自由基对抗。

各大类茶中普遍存在的茶多酚的抗氧化活性高于维生素 C 和维生素 E。红茶中的儿茶素含量虽低于绿茶，但其抗氧化力甚至胜于绿茶，这是因为红茶中还存在特有的多酚类衍生物——茶黄素，它是一种天然抗氧化剂，其抗氧化性强于儿茶素。茶黄素主要通过直接消除自由基、调节生物酶系活性、防止低密度脂蛋白氧化等途径来实现其抗氧化作用。

预防心血管疾病

心血管疾病是目前人类的头号死因。据统计，每年死于心血管疾病的人数多于其他任何病因。心血管疾病（cardiovascular disease）是好多种疾病的总称，包括心脏病、中风、心脏衰竭、心律不齐和心脏瓣膜问题等等。国家心血管病中心发布的《中国心血管病报告 2013》显示，我国心血管病的发病人数仍在持续增加，每 5 个成年人中就有 1 个心血管病患者。

血胆固醇的增加、高血压、家族心血管疾病史、吸烟、酗酒、缺少锻炼、肥胖等都可能造成心血管疾病的发生。经过多年的临床总结，降低血脂和血压、维持血管正常功能对预防和治疗此类疾病有极其重要的意义。

与心脏健康最相关的两种脂蛋白是低密度脂蛋白(low-density lipoprotein，LDL) 和高密度脂蛋白 (high-density lipoprotein，HDL)。低密度脂蛋白 (LDL) 占总血脂蛋白的 60% ～ 70%，负责将胆固醇从肝脏输送到全身各处。当血液中的 LDL 胆固醇过多时，这些颗粒会在冠状动脉和其他动脉壁上形成斑块，使血管硬化变窄，阻碍血液向各部位输送氧气。因此，LDL 胆固醇通常被称为“坏”胆固醇。

高密度脂蛋白 (HDL) 能够吸收体内多余的胆固醇，并将其带回肝脏，在那里被使用或排出体外。HDL 胆固醇通常被称为“好”胆固醇，因为高水平的 HDL 胆固醇能降低心脏病风险。

茶黄素一方面通过抑制脂肪酸合成酶（FAS）抑制脂肪形成，另一方面能够抑制低密度脂蛋白的氧化，从而减缓动脉粥样硬化进一步发展。2003 年，国际著名医学杂志《美国医学会杂志》刊登了美国科学家主导的一项临床实验结果，证实了茶黄素具有降血脂的独特功能，特别是降低血脂中的胆固醇和低密度脂蛋白的水平，在调节血脂、预防心脑血管疾病方面发挥积极作用。

调节血脂，纤体瘦身

茶是由来已久的去脂纤体的饮品。《神农本草经》中谈道：“茶味苦，饮之使人益思、少卧、轻身、明目。”《本草拾遗》认为：“茶久食令人瘦，去人脂。”现代科学研究发现，红茶中的茶黄素让食物中的脂肪只能“穿肠而过”，从而减少脂肪在肠道内的吸收；增强体内脂肪的代谢和燃烧；还能减少机体对糖类的吸收，从而减少糖类向脂肪转化。

茶黄素可以通过多种途径来有效调节机体的代谢水平，抑制能量摄入，加速脂肪代谢，从而渐进性、治本性地起到纤体轻身的功效。

不过，想光凭饮用红茶来减肥是不现实的。规律合理的饮食结构，适当的身体锻炼，再配上一杯品质优异的红茶，才能合理控制体重，乃至达到减肥瘦身的效果。

红茶养胃吗?

在关于红茶的诸多保健功效中，养胃护胃是常常被提及的一种。事实上，这是值得商榷的。

许多人在喝绿茶时会感到胃疼，这主要和茶中的咖啡因有关。咖啡因会刺激胃酸分泌，胃疼的感受就来自于胃酸分泌过多可能产生的胃溃疡。

咖啡因是一种非常稳定的物质，在加工过程中很难有变化。但比起不发酵的绿茶，红茶中的咖啡因除了会和茶氨酸产生颉颃反应（二者生理效应发挥相反的作用从而保持稳定），也会与茶黄素缔合形成复合物，这样就能有效降低茶叶咖啡因的副作用。在后期的干燥过程中，红茶受热也会导致咖啡因进一步减少。

相比绿茶，红茶只是没那么伤胃而已，不存在养胃一说。有胃溃疡的人，依然建议少饮茶或饮淡茶。

红茶的茶疗

茶叶最早就是作为药材使用的，《神农本草经》记载：“神农尝百草，日遇七十二毒，得茶而解之。”说明很早人们就认识到了茶叶具有解毒的功效。云南布朗族有一个流传已久的故事：布朗族的祖先在长途迁徙中受到疾病侵袭，危难之际，其中的头人随手抓一把茶叶放在口中咀嚼，结果疾病痊愈，于是布朗族就开始种植茶叶并以其为主业。而佤族人把茶叶叫“缅”，据说茶叶在危难时刻解救了佤族人的祖先，帮他们治疗疾病并保佑佤族世世代代繁衍生息。这些传说说明，在当地各族繁衍生息的历史上，茶叶首先是作为药材被人们认识的。

中国古籍中的茶书和医书，对茶的医疗保健功能曾给予“万病仙药”的崇高评价。唐代的陈藏器在《本草拾遗》中说：“诸药为各病之药，茶为万病之药。”宋代淳熙年间日本来我国留学的荣西禅师在其汉文名著

《吃茶养生记》中曾说：“茶也，养生之仙药也，延龄之妙术也。”这些论述，是当时中国茶疗的经验总结，后世的医学证明，特别是近代的医学发现，更足以说明前人立论的正确和预见的准确。

清代宫廷中就非常重视茶叶的药用价值。当年为朝廷效力的法国传教士蒋友仁有幸亲眼见到乾隆皇帝饮茶的情景，在给本国通信中记述：“皇帝用餐时通常饮料是茶，或是普通的水泡的茶，或是奶茶，或是多种茶放在一起研碎后，经发酵并以种种方式配制出来的茶。经过配制出来的这些茶饮料，大多口味极佳，其中好几种还有滋补作用，而且不会引起胃纳滞呆。”

在中国著名茶学专家王泽农主编的《万病仙药茶疗方剂》中就收集了历代的一些茶疗方剂，下面我们就摘录部分关于红茶的传统茶疗方剂供各位参考（提示：应在医师指导下服用）。

红茶奶茶

【组方】红茶适量，鲜牛奶 100 毫升，食盐少许。
【功用】益气填精。
【适应证】为润颜荣肤之滋养饮料。
【制备与服法】先将红茶熬成浓汁，再把牛奶煮沸与茶汁混，调入食盐，每日一次，空腹饮。
【性味、归经与功效】鲜牛奶味甘，性平。有益肺胃、养心血、润大便之功效。

食盐味咸、性寒。归肾、心、肺、胃经。有催吐利水、泄热软坚、润燥通便之功效。

姜红茶

【组方】红茶 3 克，生姜 3 克。

【功用】温经祛寒，解表止痛。

【适应证】用于风寒感冒、畏热、发烧、鼻塞流涕等感冒及暑热等症。

【制备与服法】生姜洗净切成米粒大与红茶同煮或用沸水冲泡五分钟，即可服用，每日两次，频频温服。

【性味、归经与功效】生姜味辛，性微温。归肺、脾、胃经。有解表散寒、温中止呕、化痰止咳之功效。

陈皮糖茶

【组方】红茶、陈皮、白糖各适量。

【功用】清暑，健胃，理气。

【适应证】可用于脘腹胀满、胸膈不舒等症。

【制备与服法】将陈皮切成碎块，与红茶一起放入杯中，开水冲沏，盖紧杯盖，保温饮用。

【性味、归经与功效】白糖味甘，性平。归脾、肺经。有润肺生津、补中益气之功效。陈皮味苦、辛，性温。归肺、脾经。有理气健脾，燥湿化痰之功效。

红茶关键词索引

云红：1939 年初，冯绍裘在云南省茶叶公司的支持和帮助下开始筹建顺宁实验茶厂，以云南大叶种茶树鲜叶为原料试制工夫红茶成功，并借鉴国内其他红茶产品多以产地命名，同时又想借天空早晚红云喻义其中，定名为“云红”。

滇红：1940 年，云南茶业贸易公司采纳香港富华公司建议，借云南“滇”的简称和滇池的秀丽雅致，将云南红茶（简称“云红”）更名为“滇红”，从此，先后建立的精制厂生产出的红茶，除以厂家简称予以区别外，均以“滇红”雅称，一直沿用至今。

正山：正山，即中国武夷山国家级自然保护区内，以桐木村为核心，方圆 500 里内的地区。也就是说，正山小种，甚至金骏眉都要是桐木关内的才能称为正统。

外山：指桐木关之外的其他小种红茶产区。

小种红茶：小种红茶是最古老的红茶，同时也是其他红茶的鼻祖。比较有代表性的有正山小种。其中，“小种”指的是茶树的品种。小种红茶是以灌木型小叶种茶树鲜叶为原料制成的红茶。

大叶种红茶：“大叶种”指的是茶树的品种。大叶种红茶是以乔木或半乔木茶树鲜叶制作的红茶，比较有代表性的有滇红。

工夫红茶：所谓“工夫”红茶就是“条形”的红茶，它是我国特有的红茶，也是我国传统出口商品。“工夫”这两个字有双重含义，一方面是指加工的时候相较其他红茶下的工夫更多，另一方面是指冲泡的时候要用充裕的时间来慢慢品味。工夫红茶按品种分又可分为大叶种工夫和中小叶种工夫。

CTC 红茶：“CTC”是三个英文单词——crush（压碎）、tear（撕裂）、crul（揉卷）——的首字母缩写，指红茶在制作过程中要经过这三个步骤。基本上只有红茶才加工成 CTC 茶，且根据颗粒大小不同有不同等级。

拼配：茶叶加工技术，有不同季节茶的拼配、不同级别茶的拼配、不同年份茶的拼配、不同发酵度茶的拼配、不同产区的茶的拼配等等。商品化的拼配红茶是经过专家研究做出来的，这种红茶不管何时品尝风味都不会有太大变化。

萎凋：是红茶初制的第一道工序，也是形成红茶品质的基础工序。它指将进厂的鲜叶经过一段时间失水，使一定硬脆的梗叶呈萎蔫凋谢状况的过程。

发酵：发酵是形成红茶色、香、味品质特征的关键性工序。通俗的解释是指茶叶在空气中氧化的过程。发酵作用使得茶叶中的茶多酚和鞣质酸减少，产生了茶黄素、茶红素等新的成分和醇类、酮类、酯类等芳香物质。因此，红茶的茶叶呈黑色，或黑色中掺杂着嫩芽的橙黄色。

茶黄素：使红茶汤色“亮”的主要成分，是滋味强度和鲜爽度的重要组成部分，同时也是红茶形成“金圈”的最重要物质。茶黄素含量越高，茶汤越亮。

茶红素：使红茶汤色“红”的主要成分，是茶黄素氧化程度加深后的产物，是红茶中含量最多的多酚类氧化物。其收敛性强，滋味甜醇，刺激性弱于茶黄素。

茶褐素：使红茶汤色“暗”的主要成分，滋味平淡，颜色偏暗。

（茶黄素、茶红素、茶褐素，都是茶叶多酚物质在发酵过程中产生的水溶性氧化物，与红茶的品质息息相关。）

毛火：茶叶烘干分两次进行时，第一次烘干称为毛火。通常这一阶段的烘干温度在 110℃～ 120 ℃，目的是把茶叶烘到七八成干。

足火：茶叶烘干分两次进行时，第二次烘干称为足火。通常这一阶段的烘干温度在 100℃～ 110 ℃，目的是把茶叶含水率减少到 7% 以下，方便茶叶贮存。

补火：因筛分和拣剔时，难免有潮气侵入，所以茶叶在装箱前还得补火一次。补火的目的主要是为了调剂红茶品质，挥发过量水分，增进香气。

冷后浑：如果常喝红茶，会发现茶汤在放置一段时间后出现乳酪状的沉淀物。这种络合物是茶黄素、茶红素与咖啡因在茶汤冷却后结合的产物。或许有人认为这是茶不干净的表现，但实际上这是茶汤品质优良的表现：冷后浑出现快，络合物鲜明，汤质好；反之茶汤寡淡则不易出现或较少出现沉淀。

金圈：茶汤贴近茶杯沿处有一圈明显的金黄发光的边线，即称之为金圈，金圈越厚，颜色越金黄，红茶的品质越好。

金毫：在评价茶叶外观时，有时会看到它表面覆盖着一层金色细绒毛，这层金色细绒毛就称为“金毫”。它出现在茶叶最嫩的芽头部分，含有丰富的茶多酚，在发酵过程中被氧化为茶黄素、茶红素，因此外形呈金黄色。优质的滇红茶，干茶条索肥壮紧结，金毫特显。

发酸：喝茶时，正常情况下是不会明显喝出酸味来的，而红茶却比较容易出现酸味。这一方面是因为红茶属于全发酵茶，制作时由于发酵过度而导致其在后期品饮中发生茶汤发酸的情况；另一方面也可能是红茶在存放时受潮，经过“二次发酵”使得品饮时茶汤变酸；再有，也可能是因为冲泡方法不对而导致茶汤有酸味。

松烟香：红茶的松烟香是在干燥过程中形成的。在茶叶干燥时，用松、柏或枫球、黄藤等熏制，便会让松烟香附着在叶片上。这种香味在正山小种里特别明显。

祁门香：这是祁门红茶专属的香气，闻起来“似花、似果、似蜜”。早期祁门红茶出口海外时，因为香气比较“玄乎”，找不出一个词能准确描述这种香气，有较真的外国人专门为它设立了一个香味名词——“祁门香”。

下午茶：下午茶是餐饮方式之一，用餐时间介乎午餐和晚餐之间（下午 3 点到 5 点），它的起源可以追溯到英国 17 世纪，绵延至今，渐渐变成现代人的休闲习惯。由于下午茶并不是每天的正餐，所以不是每天都会有下午茶。近代的下午茶发展自英国维多利亚时代的英式下午茶，人们一边吃着西式糕点一边喝茶。随着各地餐饮文化的融合，下午茶悄然在世界各地发展起来，在中国也逐渐流行。下午茶主要分为“low tea”和“high tea”两种，这两种下午茶分类是狭义和广义下午茶的另一种表述。 悠闲的贵族或上层社会一般采用 low tea，low tea 一般指午饭后、离午饭时间不远的下午茶，茶点一般是三明治、小煎饼，通常是坐着采用；而劳工阶层多采用 high tea，high tea 一般指晚饭前的茶点，多以肉食为主，通常站立食用。

图书在版编目（CIP）数据

云南红茶教科书 / 周重林，张宇主编 . -- 武汉：华中科技大学出版社，2021.3

ISBN 978-7-5680-6817-8

Ⅰ . ①云… Ⅱ . ①周… ②张… Ⅲ . ①红茶—基本知识—云南 Ⅳ . ① TS272.5

中国版本图书馆 CIP 数据核字 (2020) 第 264339 号

云南红茶教科书

Yunnan Hongcha Jiaokeshu

周重林　张　宇　主编

策划编辑：杨　静

责任编辑：章　红

装帧设计：璞　间

责任监印：朱　玢

出版发行：华中科技大学出版社（中国·武汉）　电话：（027）81321913

武汉市东湖新技术开发区华工科技园　邮编：430223

印　　刷：武汉精一佳印刷有限公司

开　　本：880mm × 1230mm　1/32

印　　张：7.25

字　　数：162 千字

版　　次：2021 年 3 月第 1 版第 1 次印刷

定　　价：69.00 元